はじめに

　長年にわたって難関校受験生からの絶大な支持をいただいている，大学受験数学専門誌・月刊『大学への数学』のメインの記事で，数ⅠAⅡBの主要分野を演習する"日日の演習"の昨年（2010年）の6，7月号のベクトル，座標を，1冊にまとめました．コンパクトな新書版なので，いつでもどこでも手にとって読み進められます．

　問題の難易度は標準～発展レベルなので，本書の問題がマスターできれば，ベクトル，座標に関する入試問題に対して，余裕を持って臨むことができるでしょう．

　今年度の月刊誌の"日日の演習"ですでに学習した人にとっても，昨年度のぶんを補強することにより，完成度を高めることができましょう．

　また，補充問題として月刊『大学への数学』2010年，2011年の3～5月号の入試特集で取り上げた大学の入試問題からも，ベクトル，座標に関するものを精選して掲載しましたので，有名難関校の問題にも触れることができます．

　本書によって，ベクトル，座標への自信をゆるぎないものにしてください．

▶▶▶ 本書の利用法

♣対象

教科書および基本問題は卒業し，典型的な標準問題も無理なくこなせる人を対象にします．

♠本書の構成

本書は，問題編，要点の整理，解説からなります．

問題編では，ベクトル，座標，それぞれ最後のところに，問題の難易と目標時間をまとめて掲載してあります．例えば，各自の学習の進行状況により問題を取捨選択したり，簡単には手がかりが得られない問題でも解答をすぐ見ずに目標時間の半分位は考えてみる，といったように御活用下さい．なお，難易と目標時間は，入試本番の時点を想定してのものです．

要点の整理では，本書のレベルの問題を解くのに必要な定義，定理，公式や特に重要な手法を紹介してあります．詳しい証明などは省略したものもありますので，"暗記用"ではなく，"確認用"のつもりで御利用下さい．

解説編では，まず，問題文を再掲してあります．次に，その問題に対する手がかりなどを前書きとして簡単に紹介し，解答（**解**）に移ります．手が出なかった問題は，**解**を読む前に，前書きを参考に再考するのもよいでしょう．

♥ **ヒビモニ**（日日の演習読者モニター）について
読者の代表として，編集部で問題を解いてもらいました．そのときの解答の様子を各問ごとに紹介しました．
2010年度は次の8人です．（学校・学年は2010年当時）
太田寛人君（本郷高校卒）
神林祐輔君（神奈川県立柏陽高校卒）
菊田智史君（城北埼玉高校卒）
高橋智貴君（横須賀市立横須賀総合高校卒）
龍野　翔君（麻布高校卒）
延廣征典君（江戸川学園取手高校卒）
元山海秀君（筑波大学附属駒場高校3年）
山本賢哉君（巣鴨高校卒）
なお2011年の進学先は，東大理Ⅰ4人，理Ⅲ1人，東工大1類1人，医科歯科大医1人，順天堂大医1人です．

◆ **本書で用いた記号**
☆：巧妙ではあるが，無理のない，あるいは，ぜひ身につけてほしい解法
★：相当に巧妙で思い付かなくても心配いらない解法
⇨**注**　すべての人のための注
➡**注**　意欲的な人のための注

ポケット日日の演習
①ベクトル・座標

目次

はじめに …………………………1
本書の利用法 …………………2
ベクトル
　問題編 …………………………6
　要点の整理 …………………20
　解説編 ………………………28
座標
　問題編 ………………………82
　要点の整理 …………………92
　解説編 ……………………100
2010, 2011年の問題から
　問題編 ……………………152
　解説編 ……………………162

ベクトル

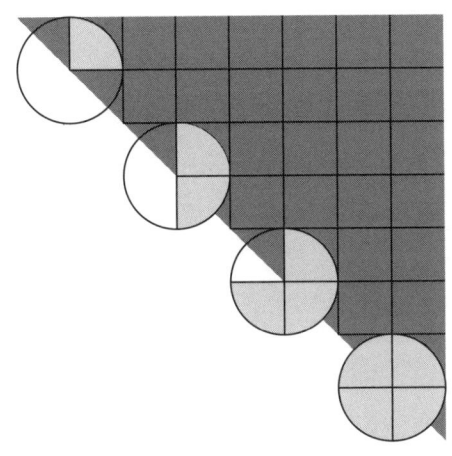

問題編 ……………………… 6
要点の整理 ………………20
解説編 ……………………28

ベクトル・問題編

1・1 三角形 OAB について，OA=$\sqrt{2}$，OB=$\sqrt{3}$，AB=2 とする．点 O から辺 AB に下した垂線の足を L，辺 OB に関して L と対称な点を P とする．$\vec{a}=\overrightarrow{OA}$，$\vec{b}=\overrightarrow{OB}$ とおく．
（1） $\vec{a}\cdot\vec{b}$ を求めよ．また $\overrightarrow{OL}$ を $\vec{a}$ と $\vec{b}$ で表せ．
（2） $\overrightarrow{OP}$ を $\vec{a}$ と $\vec{b}$ で表せ． （10 兵庫県立大・理）

1・2 原点 O を中心とする半径 1 の円周上にある 3 点 A，B，C が条件 $7\overrightarrow{OA}+5\overrightarrow{OB}+3\overrightarrow{OC}=\vec{0}$ を満たすとき，次の問いに答えよ．
（1） ∠BOC を求めよ．
（2） 直線 CO と直線 AB の交点を H とするとき，$\overrightarrow{OH}$ を $\overrightarrow{OC}$ を用いて表せ．
（3） △OHB の面積を求めよ．

（10 島根大・総合理工－後，一部略）

1・3 平面上に $\triangle ABC$ があり，その周および内部に点 P を，$t \geq 0$ に対し，$3\overrightarrow{PA}+4\overrightarrow{PB}+t\overrightarrow{PC}=\vec{0}$ を満たすようにとる．$\triangle PAB$，$\triangle PBC$，$\triangle PCA$ の面積をそれぞれ S_1，S_2，S_3 として次の問に答えよ．

(1) $t=0$ のとき，P は辺 AB を $\boxed{}:\boxed{}$ の比に内分する．

(2) $t=5$ のとき，$S_1:(S_2+S_3)=\boxed{}:\boxed{}$ である．

(3) $\triangle ABC$ が一辺の長さ 7 の正三角形であるならば，t が 0 から 3 まで動くときに P が描く軌跡の長さは $\boxed{}$ である．

(4) AP の延長が辺 BC と交わる点を D とする．D が辺 BC を $2:1$ に内分するなら $t=\boxed{}$ であり，$S_1:S_2:S_3=\boxed{}:\boxed{}:\boxed{}$ である．

(10 東京薬大・薬(男))

ベクトル・問題編

1・4 △ABC があり，AB=3，BC=7，CA=5 を満たしている．△ABC の内心を I，$\vec{AB}=\vec{b}$，$\vec{AC}=\vec{c}$ とおく．次の問いに答えよ．
(1) $\vec{AI}$ を $\vec{b}$ と $\vec{c}$ を用いて表せ．
(2) △ABC の面積を求めよ．
(3) 辺 AB 上に点 P，辺 AC 上に点 Q を，3 点 P，I，Q が一直線上にあるようにとるとき，△APQ の面積 S のとりうる値の範囲を求めよ．

(10　横浜国大・経済)

1・5 四角形 ABCD において，
$\vec{AB}\cdot\vec{BC}=\vec{BC}\cdot\vec{CD}=\vec{CD}\cdot\vec{DA}=\vec{DA}\cdot\vec{AB}$ とする．
(1) $|\vec{AB}|^2+|\vec{BC}|^2=|\vec{CD}|^2+|\vec{DA}|^2$ を示せ．
(2) $|\vec{AB}|=|\vec{CD}|$ を示せ．
(3) $\vec{AB}\perp\vec{BC}$ を示せ．

(10　秋田大・教)

1・6 $0 < \theta < \dfrac{\pi}{2}$ とする．点 O を中心とする円周上に反時計回りに並んだ 5 点 A，B，C，D，E があり，$\angle AOB$，$\angle BOC$，$\angle COD$，$\angle DOE$ はすべて θ に等しい．$\alpha = 2\pi - 4\theta$，$\vec{c} = \overrightarrow{OC}$，$t = \cos\theta$ とする．

（1） $\overrightarrow{OB} + \overrightarrow{OD}$ および $\overrightarrow{OA} + \overrightarrow{OE}$ を $\vec{c}$ と t を用いて表せ．

（2） $\overrightarrow{OA} + \overrightarrow{OB} + \overrightarrow{OC} + \overrightarrow{OD} + \overrightarrow{OE} = \vec{0}$ が成り立つとき，α は θ に等しいことを示せ． （10 京都工繊大）

ベクトル・問題編

1・7 Oを中心とし，半径が1と2の同心円 C_1, C_2 がある．点Pは，C_2 の内部および周を動くものとする．

(1) C_1 の周上に点Aがあるとき，$\overrightarrow{OA}\cdot\overrightarrow{OP}\geqq 1$ を満たすようなPの存在領域の面積は ☐ である．

(2) C_1 の周上の点Bを適当に選ぶことで $\overrightarrow{OB}\cdot\overrightarrow{OP}\geqq 1$ を満たすようにできるPの存在領域の面積は ☐ である．

(3) 点Q, Rが，OQとORのなす角を $30°$ に保つように C_1 の周上を動くとする．Pが C_2 の周上を動くとき，$\overrightarrow{OP}\cdot\overrightarrow{OQ}+\overrightarrow{OP}\cdot\overrightarrow{OR}$ の最大値は ☐ であり，そのとき，$\overrightarrow{OP}$ と $\overrightarrow{OQ}$ のなす角 α（$0°\leqq\alpha\leqq 90°$）は ☐ である． （10 東京薬大・薬(女)）

1・8 平面上に4点O, A, B, Cがあり, 点Oを始点とするそれぞれの位置ベクトルを $\vec{a}$, $\vec{b}$, $\vec{c}$ とし, $|\vec{a}|=\sqrt{2}$, $|\vec{b}|=\sqrt{10}$, $\vec{a}\cdot\vec{b}=2$, $\vec{a}\cdot\vec{c}=8$, $\vec{b}\cdot\vec{c}=20$ が成り立つとする.

(1) $\vec{c}$ を $\vec{a}$ と $\vec{b}$ を用いて表せ.

(2) 点Cから直線ABに下ろした垂線と直線ABの交点をHとする. このとき, ベクトル $\overrightarrow{OH}$ を $\vec{a}$ と $\vec{b}$ を用いて表せ. また, $|\overrightarrow{CH}|$ を求めよ.

(3) 実数 s, t に対して, 点Pを $\overrightarrow{OP}=s\vec{a}+t\vec{b}$ で定める. s, t が条件 $(s+t-1)(s+3t-3)\leq 0$ を満たしながら変化するとき, $|\overrightarrow{CP}|$ の最小値を求めよ.

(10 阪府大・工-中)

ベクトル・問題編

1・9 空間内の四面体 OABC について，$\vec{OA}=\vec{a}$，$\vec{OB}=\vec{b}$，$\vec{OC}=\vec{c}$ とおく．辺 OA 上の点 D は OD：DA＝1：2 を満たし，辺 OB 上の点 E は OE：EB＝1：1 を満たし，辺 BC 上の点 F は BF：FC＝2：1 を満たすとする．3 点 D，E，F を通る平面を α とする．以下の問に答えよ．

(1) α と辺 AC が交わる点を G とする．$\vec{a}$，$\vec{b}$，$\vec{c}$ を用いて $\vec{OG}$ を表せ．

(2) α と直線 OC が交わる点を H とする．OC：CH を求めよ．

(3) 四面体 OABC を α で 2 つの立体に分割する．この 2 つの立体の体積比を求めよ．

　　　（10　岐阜大・教, 地域科学, 応用生物, 医(看)）

1・10 a, b を正の実数とし，座標空間内の点を $A(a, 0, 0)$, $B(0, b, 0)$, $C(0, 0, 1)$, $P(2, 2, 1)$ とする．次の問いに答えよ．

(1) $\triangle ABC$ の面積 S を a, b を用いて表せ．

(2) ベクトル $\overrightarrow{AB}$ と $\overrightarrow{AC}$ の両方に直交する長さ 1 のベクトルをすべて，a, b を用いて成分表示せよ．

(3) 点 P から $\triangle ABC$ を含む平面に下ろした垂線の足を H とする．ベクトル $\overrightarrow{PH}$ を a, b を用いて成分表示せよ．

(4) 四面体 PABC の体積 V を a, b を用いて表せ．

(5) $V = \dfrac{1}{3}$ であるとき b を a を用いて表せ．また，このときの $\triangle ABC$ の面積 S の最小値とそのときの a の値を求めよ．

(10 同志社大・生命医，文化情報)

ベクトル・問題編

1・11 同一平面上にない4点 O, A, B, C に対して, $\overrightarrow{OA}=\vec{a}$, $\overrightarrow{OB}=\vec{b}$, $\overrightarrow{OC}=\vec{c}$ とおく. 点 A, B, C を含む平面上に点 D をとる.

(1) $\overrightarrow{OD}=x\vec{a}+y\vec{b}+z\vec{c}$ と表すとき, 実数 x, y, z が満たすべき条件を求めなさい.

(2) 4点 A, B, C, D は四角形 ABCD をなし, 次の条件 $\vec{a}\perp\vec{b}$, $\vec{b}\perp\vec{c}$, $\vec{c}\perp\vec{a}$,

$$|\vec{a}|=|\vec{b}|=|\vec{c}|=1, \quad |\overrightarrow{OD}|=\sqrt{\frac{17}{2}}$$

を満たすとする. その辺 AB, BC, CD, DA の中点をそれぞれ P, Q, R, S とし, 四角形 PQRS が長方形をなすとする. ただし, 四角形 PQRS は四角形 ABCD に含まれるものとする. このとき, x, y, z の値を求めなさい. (10 首都大・理系(数))

1・12 原点を O とする座標空間において，2 点 A(2, 0, 0)，B(0, 3, 0) から等距離にある点の集合を平面 H とする．次の問いに答えよ．
(1) 直線 AB が平面 H に垂直であることを示せ．
(2) 原点 O から平面 H に下ろした垂線の足を点 C とする．点 C の座標を求めよ．
(3) d を正の実数とする．P を H 上の点とするとき，不等式 $OP \leq d$ を満たす点 P の領域の面積を求めよ． (10 名古屋市大・経，芸術工)

1・13 3 点 O(0, 0, 0)，A(3, 0, 0)，B(1, 2, 1) がある．
(1) z 軸上の点 C(0, 0, m) から直線 AB 上の点 H におろした垂線を CH とする．このとき，点 H が線分 AB 上にあるような m の値の範囲を求めよ．
(2) 点 H が線分 AB 上にあるとき，垂線 CH の長さの最大値，最小値とそのときの H の座標を求めよ．
(3) 三角形 OAB に外接する円の中心 P の座標とその半径 r を求めよ． (10 琉球大・理，医，工，教)

ベクトル・問題編

1・14 1辺の長さが1の正四面体 ABCD がある．辺 AB, BC, CD, DA 上にそれぞれ，点 K, L, M, N を AK：KB=1：2, BL：LC=2：1, CM：MD=2：1, DN：NA=1：2 を満たすようにとる．

(1) $\overrightarrow{KL}+\boxed{}\overrightarrow{KN}=\boxed{}\overrightarrow{KM}$
(2) 四角形 KLMN の面積は $\boxed{}$ である．
(3) 辺 AC 上に点 P をとるとき，底面を KLMN とし，頂点を P とする四角錐の体積は $\boxed{}$ である．

（10　日大・生物資源）

1・15 各点の座標が (x, y, z) で表される空間で，ある立方体の3頂点が A(2, 2, 3), B(2, 0, 1), C(6, 0, 1) であるとする．

(1) この立方体の体積を求めよ．
(2) この立方体の頂点 X で，∠BXC=60° となるものすべてについてそれらの座標を求めよ．

（10　群馬大・医，一部略）

1・16 空間内に4点 O, A, B, C があり, OA=OB=$\sqrt{5}$, OC=1 である. また, $\vec{a}=\overrightarrow{OA}$, $\vec{b}=\overrightarrow{OB}$, $\vec{c}=\overrightarrow{OC}$ とおくと, $\vec{a}\cdot\vec{b}=4$, $\vec{b}\cdot\vec{c}=1$ が成り立っている. 2点 A, C から直線 OB にそれぞれ垂線を下ろし, 直線 OB との交点を D, E とする.

(1) $\overrightarrow{DA}$, $\overrightarrow{EC}$ を $\vec{a}$, $\vec{b}$, $\vec{c}$ を用いて表せ.

(2) 内積 $\vec{a}\cdot\vec{c}$ のとりうる値の範囲を求めよ.

(3) 4点 O, A, B, C が同一平面上にない場合, 四面体 OABC の体積が最大になるときの $\vec{a}\cdot\vec{c}$ の値と体積の最大値を求めよ. (10 福井大・医)

1・17 xyz 座標空間に,右図のように一辺の長さ 1 の立方体 OABC-DEFG がある.この立方体を xy 平面上の直線 $y=-x$ のまわりに,頂点 F が z 軸の正の部分にくるまで回転させる.

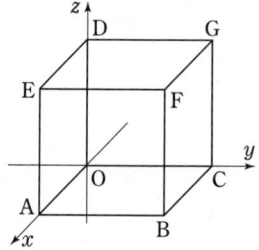

(1) 回転後の頂点 B の座標を求めよ.
(2) 回転後の頂点 A,G で定まるベクトル $\overrightarrow{AG}$ の成分を求めよ. (10 静岡大・理(数))

♣問題の難易と目標時間

難易については，入試問題を10段階に分けたとして，
　　A(基本)…5以下　　　B(標準)…6, 7
　　C(発展)…8, 9　　　　D(難問)…10
また，目標時間は∗1つにつき10分，♯は無制限．

1…B∗∗　　2…B∗∗　　3…C∗∗∗　　4…C∗∗∗
5…B∗∗∗　6…B∗∗∗　7…C∗∗∗　　8…C∗∗∗∗
9…C∗∗∗∗　10…B∗∗∗　11…B∗∗∗　12…B∗∗∗
13…C∗∗∗∗　14…C∗∗∗∗　15…C∗∗∗　16…C∗∗∗∗
17…C∗∗∗∗

ベクトル・要点の整理

1. ベクトルの和と実数倍

平面上の任意の点Xは、1次独立である（平行でもなく $\vec{0}$ でもない）2つのベクトル $\vec{a}$, $\vec{b}$ を用いて、

$$\overrightarrow{OX} = s\vec{a} + t\vec{b} \quad \cdots\cdots\cdots ①$$

の形で表すことができます.

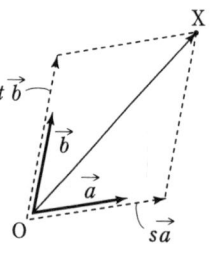

つまり、1次独立である2つのベクトルをもってくれば、平面上のどんなベクトルも、これらをのばしたり(実数倍)、つないだり(和)することによって表せるということです. これが、平面のベクトルを扱う上での基本になります.

（例1） 直線のパラメーター表示など

点Aを通り、ベクトル $\vec{l}$ に平行な直線 l 上の点 X は、

$$\overrightarrow{OX} = \overrightarrow{OA} + t\vec{l} \quad \cdots\cdots ②$$

と表され、逆に、t がすべての実数値をとるとき、点Xの集合は直線 l 全体になります.

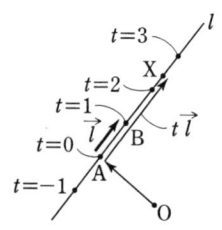

したがって、②が、直線 l のパラメーター表示になるわけですが、②のパラメーター t には、

l 上に、上図の A を原点とし B を 1 とする数直線（単位の長さは $|\vec{l}|$）を設定したときの目盛りを表す

20

という意味があることを十分
認識しておきましょう．例え
ば右図の直線 AB 上の点 X は

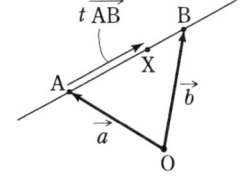

$$\overrightarrow{OX} = \vec{a} + t\overrightarrow{AB}$$
$$= \vec{a} + t(\vec{b} - \vec{a}) \cdots ③$$
$$= (1-t)\vec{a} + t\vec{b} \cdots ④ \quad (係数の和は 1)$$

と表されますが，単に X が直線 AB 上にあるというだけ
でなく，他の条件がついているときは，③の t にその条
件を反映させればよく，たとえば，

X は線分 AB 上の点 $\iff$ **$0 \leq t \leq 1$**

X は BA の A のほうの延長上の点 $\iff$ $t < 0$

X は AB を 2：1 に内分する点 $\iff$ $t = \dfrac{2}{3}$

X は AB を 3：1 に外分する点 $\iff$ $t = \dfrac{3}{2}$

また，一般に，$0 \leq t \leq 1$ のとき，③で与えられる点 X
は線分 AB を $t : (1-t)$ に内分する点ですが，④つま
り，　$\overrightarrow{OX} = (1-t)\vec{a} + t\vec{b}$

は，内分点の公式そのものです（"$m:n$" であれば，

$t = \dfrac{m}{m+n}$ として，$\overrightarrow{OX} = \dfrac{n\vec{a} + m\vec{b}}{m+n}$，とくに，AB の中

点は，$\dfrac{\vec{a} + \vec{b}}{2}$ となります）．

なお，④で，$1-t = s$ とおくと，X が直線 AB 上にあ
るための条件は，　$\overrightarrow{OX} = s\vec{a} + t\vec{b} \quad (s + t = 1)$
で捉えられますが，根本はあくまでも③です．

21

ベクトル・要点の整理

(例2) △OAB の内部および周上の点の表現

右図の太線は，
$\overrightarrow{OX} = s\vec{a} + t\vec{b}$
$\quad (0 \leq t \leq 1-s)$
と表され，s も $0 \leq s \leq 1$ の範囲で動かすことによって，△OAB の内部および周上の点は，$\overrightarrow{OX} = s\vec{a} + t\vec{b}$ ($s \geq 0$, $t \geq 0$, $s+t \leq 1$)

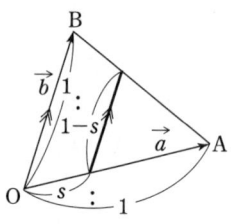

*   *

さて，$\vec{a}, \vec{b}$ が1次独立であるとき，当然
$$k\vec{a} + l\vec{b} = \vec{0} \iff k = l = 0$$
これから，$s\vec{a} + t\vec{b} = s'\vec{a} + t'\vec{b} \iff s = s', \ t = t'$ …⑤
（なぜなら，左側の式 $\iff (s-s')\vec{a} + (t-t')\vec{b} = \vec{0}$)
が言え，ベクトルの係数についての情報を得るには，⑤に帰着させることになります．

一方，さきの(例1)において，③の t にある条件を加えると直線 AB 上の図形(点や線分)を表せたのと同様，①の s, t に条件を加えると平面上の図形を表すことができ，また，①の (s, t) は
$\vec{a}, \vec{b}$ を基準にした一種の座標のようなものです．

とくに，$\vec{a} = (1, 0)$，$\vec{b} = (0, 1)$ の場合が，おなじみの xy (直交) 座標に当たるわけですが，一般に，$\vec{a} \perp \vec{b}$,

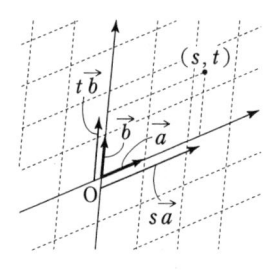

$|\vec{a}|=|\vec{b}|$ のときには，①で
表された図形を xy 座標系と
同様に扱えます．たとえば，
$\overrightarrow{OX}=\overrightarrow{OO'}+\cos\theta\vec{a}+\sin\theta\vec{b}$
($0°\leqq\theta<360°$) で表される点
X の集合は，右図の円です．

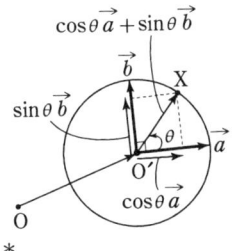

*　　　　　　*

空間では，$\overrightarrow{OX}=s\vec{a}+t\vec{b}+u\vec{c}$
(ただし，$\vec{a}$, $\vec{b}$, $\vec{c}$ は 1 次独立，すなわち，$\overrightarrow{OA}=\vec{a}$
などとおくと，OABC は 4 面体をつくる) とすれば，
空間の任意の点 X を表すことができます．

また，$\vec{a}$, $\vec{b}$, $\vec{c}$ が 1 次独立であるとき，
$$s\vec{a}+t\vec{b}+u\vec{c}=\vec{0} \iff s=t=u=0$$
$$s\vec{a}+t\vec{b}+u\vec{c}=s'\vec{a}+t'\vec{b}+u'\vec{c}$$
$$\iff s=s',\ t=t',\ u=u'$$

であることは，平面の場合と同様です．さらに，空間の
直線についてもさきの(例 1)はそのまま当てはまり，②
で，X(x, y, z)，A(a, b, c)，
$\vec{l}=\begin{pmatrix}p\\q\\r\end{pmatrix}$ とおくと，

$$\begin{pmatrix}x\\y\\z\end{pmatrix}=\begin{pmatrix}a\\b\\c\end{pmatrix}+t\begin{pmatrix}p\\q\\r\end{pmatrix}$$

となり，これは座標空間における直線のパラメータ表示
にほかなりません．

空間における平面については, 点 A を通り, $\vec{u}$, $\vec{v}$ ($\vec{u} \not\parallel \vec{v}$, $\vec{u} \neq \vec{0}$, $\vec{v} \neq \vec{0}$) に平行な平面上の点を X とおくと, $\overrightarrow{AX} = s\vec{u} + t\vec{v}$ と表されますから,

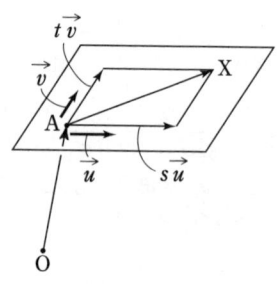

$$\overrightarrow{OX} = \overrightarrow{OA} + s\vec{u} + t\vec{v}$$

で, これが, 空間における, 平面を表す式です. また, 右図の平面 ABC 上の点 X は,

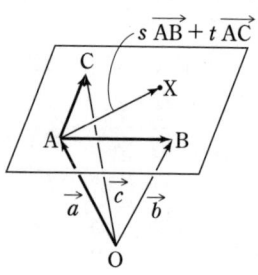

$$\overrightarrow{OX} = \overrightarrow{OA} + s\overrightarrow{AB} + t\overrightarrow{AC}$$
$$= \vec{a} + s(\vec{b} - \vec{a}) + t(\vec{c} - \vec{a})$$
$$= (1-s-t)\vec{a} + s\vec{b} + t\vec{c}$$

と表され, $\vec{a}$, $\vec{b}$, $\vec{c}$ の係数の和は 1 です.

なお, 点 (a, b, c) を中心とする半径 r の球の方程式は $(x-a)^2 + (y-b)^2 + (z-c)^2 = r^2$

⇨**注** 以下は, 教科書の範囲外ですが, 互いに垂直な 3 つのベクトルが現れるとき (直方体を平面で切るなど) に有効です.

点 A(a, b, c) を通りベクトル $\vec{n} = \begin{pmatrix} \alpha \\ \beta \\ \gamma \end{pmatrix}$ に垂直な平面を π とすると,

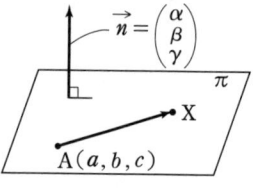

点 X(x, y, z) が π 上
$\iff \overrightarrow{AX} \perp \vec{n} \iff \overrightarrow{AX} \cdot \vec{n} = 0$

$\iff \alpha(x-a)+\beta(y-b)+\gamma(z-c)=0$ ……⑥
で，⑥は空間における平面の方程式になります（一般に，1次式 $\alpha x+\beta y+\gamma z+\delta=0$ ……⑦ は平面を表す）．

また，右図の平面PQRは，
$$\frac{x}{p}+\frac{y}{q}+\frac{z}{r}=1 \cdots\cdots⑧$$
で表されます（⑧は1次式で，P～Rの座標は⑧を満たす）．

なお，⑦⑧は座標平面における直線 $\alpha x+\beta y+\delta=0$, $\frac{x}{p}+\frac{y}{q}=1$ に対応します．

2．ベクトルの内積

内積は，$\vec{a}\cdot\vec{b}=\vec{b}\cdot\vec{a}$, $(k\vec{a})\cdot\vec{b}=k(\vec{a}\cdot\vec{b})$
$\vec{a}\cdot(\vec{b}+\vec{c})=\vec{a}\cdot\vec{b}+\vec{a}\cdot\vec{c}$

といった性質があるので普通の数の積と同じように扱えます．さらに，以下のことがらも重要です．

（1） 垂直条件，平行条件

$\vec{a}=(a_1,\ a_2),\ \vec{b}=(b_1,\ b_2)\ (\vec{a},\ \vec{b}\neq\vec{0})$ のとき

$\vec{a}\perp\vec{b} \rightleftarrows \vec{a}\cdot\vec{b}=0 \rightleftarrows a_1b_1+a_2b_2=0$

$\vec{a}/\!/\vec{b} \rightleftarrows a_1:a_2=b_1:b_2 \rightleftarrows a_1b_2-a_2b_1=0$ ……⑨

（2） 3角形の面積

右図で，$2\triangle\text{OAB}=|\vec{a}||\vec{b}|\sin\theta$
$=|\vec{a}||\vec{b}|\sqrt{1-\cos^2\theta}$
$=\sqrt{|\vec{a}|^2|\vec{b}|^2-(|\vec{a}||\vec{b}|\cos\theta)^2}$

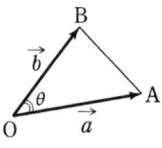

だから，$\triangle\text{OAB}=\dfrac{1}{2}\sqrt{|\vec{a}|^2|\vec{b}|^2-(\vec{a}\cdot\vec{b})^2}$ ………⑩

ベクトル・要点の整理

平面でも空間でも⑩は成り立ち，さらに平面においては $\vec{a}=(a_1,\ a_2)$, $\vec{b}=(b_1,\ b_2)$ とおくと，

$$\triangle \text{OAB} = ⑩ = \frac{1}{2}|a_1 b_2 - a_2 b_1| \quad \cdots\cdots\cdots ⑪$$

(⑪=0 がまさしく，（1）の⑨（平行条件）になる)

(3) 内積の図形的意味

$\vec{a} \cdot \vec{b} = |\vec{a}||\vec{b}|\cos\theta$
だから，右図で，$\theta \leq 90°$
のとき，$\vec{a}\cdot\vec{b}=|\vec{a}||\vec{h}|$
$\theta > 90°$ のとき
$\quad \vec{a}\cdot\vec{b}=-|\vec{a}||\vec{h}|$

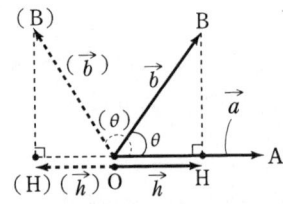

(内積は**2線分の長さの積**で表される)

(4) 正射影ベクトル

右上図において，$\vec{h}$ を，$\vec{b}$ の $\vec{a}$ の上への正射影ベクトルと言い，$|\vec{h}|=\dfrac{|\vec{a}\cdot\vec{b}|}{|\vec{a}|}$

$$\vec{h}=|\vec{b}|\cos\theta \cdot \frac{\vec{a}}{|\vec{a}|}=\frac{|\vec{a}||\vec{b}|\cos\theta}{|\vec{a}|^2}\vec{a}=\frac{\vec{a}\cdot\vec{b}}{|\vec{a}|^2}\vec{a}$$

とくに $\vec{a}$ が単位ベクトルのとき，

$$|\vec{h}|=|\vec{a}\cdot\vec{b}|,\ \ \vec{h}=(\vec{a}\cdot\vec{b})\vec{a}$$

(5) 積の和を内積と見る

例．$a\cos\theta + b\sin\theta$ を，2つのベクトル$(a,\ b)$，$(\cos\theta,\ \sin\theta)$ の内積と見て，最大・最小を捉える．

ベクトル・解説編

解答の☆,★については☞p.3

1・1 三角形 OAB について,OA$=\sqrt{2}$,OB$=\sqrt{3}$,AB$=2$ とする.点 O から辺 AB に下した垂線の足を L,辺 OB に関して L と対称な点を P とする.
$\vec{a}=\overrightarrow{OA}$,$\vec{b}=\overrightarrow{OB}$ とおく.
(1) $\vec{a}\cdot\vec{b}$ を求めよ.また $\overrightarrow{OL}$ を $\vec{a}$ と $\vec{b}$ で表せ.
(2) $\overrightarrow{OP}$ を $\vec{a}$ と $\vec{b}$ で表せ.

* *

[**解説**] 垂線の足は正射影ベクトル(☞p.26)で捉えられます.また,対称点は垂線を2倍に延ばした点です.

解 (1) $|\overrightarrow{BA}|^2=4$ より,$|\vec{a}-\vec{b}|^2=4$

∴ $2-2\vec{a}\cdot\vec{b}+3=4$

∴ $\vec{a}\cdot\vec{b}=\dfrac{1}{2}$

$\overrightarrow{AL}$ は,$\overrightarrow{AO}$ の $\overrightarrow{AB}$ 上への正射影ベクトルだから,

$\overrightarrow{AL}=\dfrac{\overrightarrow{AO}\cdot\overrightarrow{AB}}{|\overrightarrow{AB}|^2}\overrightarrow{AB}$

$=\dfrac{-\vec{a}\cdot(\vec{b}-\vec{a})}{4}\overrightarrow{AB}=\dfrac{-(1/2)+2}{4}\overrightarrow{AB}=\dfrac{3}{8}\overrightarrow{AB}$

∴ $\overrightarrow{OL}=\overrightarrow{OA}+\dfrac{3}{8}\overrightarrow{AB}=\vec{a}+\dfrac{3}{8}(\vec{b}-\vec{a})=\dfrac{5}{8}\vec{a}+\dfrac{3}{8}\vec{b}$

(2) L から OB に垂線 LH を下ろすと,$\overrightarrow{OH}$ は,$\overrightarrow{OL}$ の $\vec{b}$ 上への正射影ベクトルだから,

$$\overrightarrow{\mathrm{OH}} = \frac{\overrightarrow{\mathrm{OL}} \cdot \vec{b}}{|\vec{b}|^2} \vec{b}$$

$$= \frac{\left(\frac{5}{8}\vec{a} + \frac{3}{8}\vec{b}\right) \cdot \vec{b}}{3} \vec{b} = \frac{\frac{5}{8} \cdot \frac{1}{2} + \frac{3}{8} \cdot 3}{3} \vec{b} = \frac{23}{48} \vec{b}$$

$$\therefore \overrightarrow{\mathrm{OP}} = \overrightarrow{\mathrm{OL}} + 2\overrightarrow{\mathrm{LH}} = \overrightarrow{\mathrm{OL}} + 2(\overrightarrow{\mathrm{OH}} - \overrightarrow{\mathrm{OL}}) = 2\overrightarrow{\mathrm{OH}} - \overrightarrow{\mathrm{OL}}$$

$$= 2 \cdot \frac{23}{48} \vec{b} - \left(\frac{5}{8}\vec{a} + \frac{3}{8}\vec{b}\right) = -\frac{5}{8}\vec{a} + \frac{7}{12}\vec{b}$$

⇨**注** （1） 正射影ベクトルの記憶があやふやなら，$\overrightarrow{\mathrm{AL}} = t\overrightarrow{\mathrm{AB}}$ とおいて，$\overrightarrow{\mathrm{OL}} \cdot \overrightarrow{\mathrm{AB}} = (\overrightarrow{\mathrm{OA}} + t\overrightarrow{\mathrm{AB}}) \cdot \overrightarrow{\mathrm{AB}} = 0$ から t を求めても，もちろん結構．（2）の $\overrightarrow{\mathrm{OH}}$ も同様．

≪ヒビモニの解答≫ （1） $\vec{a} \cdot \vec{b}$ は3人が解と同様，5人は余弦定理で $\cos\angle\mathrm{AOB}$ を求めました．$\overrightarrow{\mathrm{OL}}$ は**菊田君**が解方式，6人は $\overrightarrow{\mathrm{OL}} \cdot \overrightarrow{\mathrm{AB}} = 0$ から．
（2） 5人が解のHに着目（**延廣君**と**山本君**が解方式，2人は $\overrightarrow{\mathrm{LH}} \cdot \vec{b} = 0$ から）．3人ケアレスミス，正解5人．
神林君「心地よく解けました．」（25分）

ベクトル・解説編

1・2 原点 O を中心とする半径 1 の円周上にある 3 点 A, B, C が条件 $7\overrightarrow{OA}+5\overrightarrow{OB}+3\overrightarrow{OC}=\vec{0}$ を満たすとき,次の問いに答えよ.

(1) $\angle BOC$ を求めよ.

(2) 直線 CO と直線 AB の交点を H とするとき,$\overrightarrow{OH}$ を $\overrightarrow{OC}$ を用いて表せ.

(3) $\triangle OHB$ の面積を求めよ.

*   *

[解説] (1) $\overrightarrow{OB}\cdot\overrightarrow{OC}$ がわかればよいので,与式を適当に移項して平方しましょう.

(2) $\overrightarrow{OC}$ を $\overrightarrow{OA}$ と $\overrightarrow{OB}$ で表すと $\overrightarrow{OH}$ がわかります.

解 (1) $7\overrightarrow{OA}+5\overrightarrow{OB}+3\overrightarrow{OC}=\vec{0}$ ……………①

より, $5\overrightarrow{OB}+3\overrightarrow{OC}=-7\overrightarrow{OA}$

$\therefore$ $|5\overrightarrow{OB}+3\overrightarrow{OC}|^2=|-7\overrightarrow{OA}|^2$

$|\overrightarrow{OA}|=|\overrightarrow{OB}|=|\overrightarrow{OC}|=1$ とから,$25+30\overrightarrow{OB}\cdot\overrightarrow{OC}+9=49$

$\therefore$ $\overrightarrow{OB}\cdot\overrightarrow{OC}=\dfrac{1}{2}$ $\therefore$ $\cos\angle BOC=\dfrac{\overrightarrow{OB}\cdot\overrightarrow{OC}}{|\overrightarrow{OB}||\overrightarrow{OC}|}=\dfrac{1}{2}$

$\therefore$ $\angle BOC=60°$

(2) ①より,

$\overrightarrow{OC}=-\dfrac{1}{3}(7\overrightarrow{OA}+5\overrightarrow{OB})=-4\cdot\dfrac{1}{12}(7\overrightarrow{OA}+5\overrightarrow{OB})$

よって,〜〜〜が $\overrightarrow{OH}$ だから,$\overrightarrow{OC}=-4\overrightarrow{OH}$

$\therefore$ $\overrightarrow{OH}=-\dfrac{1}{4}\overrightarrow{OC}$

（3） 右図より，△OHB

$$= \frac{1}{2} \cdot \frac{1}{4} \cdot 1 \cdot \sin 120° = \frac{\sqrt{3}}{16}$$

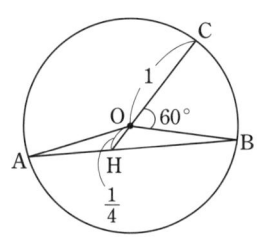

≪ヒビモニの解答≫

（1） 5人が解方式，2人は①の両辺と$\vec{OA}$, $\vec{OB}$, $\vec{OC}$の内積をとり，$\vec{OA}\cdot\vec{OB}$, $\vec{OB}\cdot\vec{OC}$, $\vec{OC}\cdot\vec{OA}$の連立方程式．

（2） 6人が解と同様．

（3） **龍野君**は解方式，3人は$\frac{1}{4}$△OBC．1人ミス．

延廣君「計算少なくていいですね！ こういう問題ばっかりだったら計算ミスに怯える日々とおさらばだろうに！」
（40分）

ベクトル・解説編

1・3 平面上に $\triangle ABC$ があり，その周および内部に点 P を，$t \geq 0$ に対し，$3\overrightarrow{PA}+4\overrightarrow{PB}+t\overrightarrow{PC}=\vec{0}$
を満たすようにとる．$\triangle PAB$，$\triangle PBC$，$\triangle PCA$ の面積をそれぞれ S_1，S_2，S_3 として次の問に答えよ．

（1） $t=0$ のとき，P は辺 AB を $\boxed{}:\boxed{}$ の比に内分する．

（2） $t=5$ のとき，$S_1:(S_2+S_3)=\boxed{}:\boxed{}$ である．

（3） $\triangle ABC$ が一辺の長さ 7 の正三角形であるならば，t が 0 から 3 まで動くときに P が描く軌跡の長さは $\boxed{}$ である．

（4） AP の延長が辺 BC と交わる点を D とする．D が辺 BC を $2:1$ に内分するなら $t=\boxed{}$ であり，$S_1:S_2:S_3=\boxed{}:\boxed{}:\boxed{}$ である．

* *

[**解説**] （2）～（4）では，ベクトルの始点を A か B か C にしましょう．（3）は，始点を C にすると，変数 t がひとまとまりになるので動きが捉えやすくなります．

解 （1） $3\overrightarrow{PA}+4\overrightarrow{PB}+t\overrightarrow{PC}=\vec{0}$ ……………①

$t=0$ として，$3\overrightarrow{PA}+4\overrightarrow{PB}=\vec{0}$

$\therefore \ \overrightarrow{PB}=-\dfrac{3}{4}\overrightarrow{PA}$

よって，P は AB を **4:3** に内分する．

（2） ①より $-3\overrightarrow{AP}+4(\overrightarrow{AB}-\overrightarrow{AP})+t(\overrightarrow{AC}-\overrightarrow{AP})=\vec{0}$

$\therefore \ \overrightarrow{AP}=\dfrac{1}{7+t}(4\overrightarrow{AB}+t\overrightarrow{AC})$ ……………②

$t=5$ として $\overrightarrow{AP}=\dfrac{4}{12}\overrightarrow{AB}+\dfrac{5}{12}\overrightarrow{AC}$

よって，右図のようになる．
図のようにQをとる．
△PABと△ABCの底辺を
AB と見ると，高さの比は
AQ：AC＝5：12 だから，

$S_1 : \triangle ABC = 5 : 12$

∴ $S_1 : (S_2 + S_3) = \mathbf{5 : 7}$

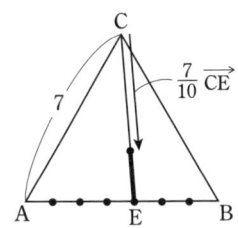

(3) ①より，$3(\vec{CA} - \vec{CP}) + 4(\vec{CB} - \vec{CP}) - t\vec{CP} = \vec{0}$

∴ $\vec{CP} = \dfrac{1}{t+7}(3\vec{CA} + 4\vec{CB}) = \dfrac{7}{t+7} \cdot \dfrac{1}{7}(3\vec{CA} + 4\vec{CB})$

ABを4：3に内分する点を
Eとおくと，$\vec{CP} = \dfrac{7}{t+7}\vec{CE}$

よって，$0 \leq t \leq 3$ のとき，P
の軌跡は右図の太実線だから，
求める長さは $\dfrac{3}{10}\mathrm{CE}$

$|\vec{CA}| = |\vec{CB}| = 7$, $\vec{CA} \cdot \vec{CB} = 7 \cdot 7 \cdot \cos 60° = 7 \cdot 7 \cdot \dfrac{1}{2}$ より，

$|\vec{CE}|^2 = \left| \dfrac{3}{7}\vec{CA} + \dfrac{4}{7}\vec{CB} \right|^2 = 9 + 2 \cdot 3 \cdot 4 \cdot \dfrac{1}{2} + 16 = 37$

∴ $\dfrac{3}{10}\mathrm{CE} = \dfrac{\mathbf{3}}{\mathbf{10}}\sqrt{\mathbf{37}}$

(4) ②より，$\vec{AP} = \dfrac{4+t}{7+t} \cdot \underline{\dfrac{1}{4+t}(4\vec{AB} + t\vec{AC})}$

～～が $\vec{AD}$ で，DがBCを2：1に内分するとき，$t = \mathbf{8}$

このとき $\vec{AP} = \dfrac{4}{5} \cdot \dfrac{1}{3}(\vec{AB} + 2\vec{AC})$

$$=\frac{4}{15}\overrightarrow{AB}+\frac{8}{15}\overrightarrow{AC}$$

だから，(2)と同様に，

$S_1:\triangle ABC=8:15$

$S_3:\triangle ABC=4:15$

∴ $S_1:S_2:S_3=8:3:4$

⇨**注** 一般に，
$a\overrightarrow{PA}+b\overrightarrow{PB}+c\overrightarrow{PC}=\vec{0}$ のとき，
$$\triangle PBC:\triangle PCA:\triangle PAB=a:b:c$$

≪**ヒビモニの解答**≫ (1) **菊田君**と**龍野君**が解と同様，6人は他の式を経由．

(2)(4) 解のように面積比を捉えた人はゼロ．例えば，(2)で，CPの延長とABの交点をFとして，
$S_1:\triangle ABC=PF:CF$ としたり，(4)で
$S_1:S_3=BD:DC$ とするなど．(4)で2人ミス．

(3) 1人 give up，1人誤答，1人は座標設定したもののケアレスミス，1人は線分になる理由がなく（解ほど明白でない），正解4人．**延廣君**と**山本君**が解と同様．

神林君「答えだけならほぼ瞬殺でしたが，答案をかくのに時間がかかってしまいました．」(39分)

ベクトル・解説編

1・4 △ABC があり,AB=3,BC=7,CA=5 を満たしている.△ABC の内心を I,$\overrightarrow{AB}=\vec{b}$,$\overrightarrow{AC}=\vec{c}$ とおく.次の問いに答えよ.

(1) $\overrightarrow{AI}$ を $\vec{b}$ と $\vec{c}$ を用いて表せ.

(2) △ABC の面積を求めよ.

(3) 辺 AB 上に点 P,辺 AC 上に点 Q を,3点 P,I,Q が一直線上にあるようにとるとき,△APQ の面積 S のとりうる値の範囲を求めよ.

* *

[**解説**] (1) AI の延長と BC の交点を D とおくと角の二等分線の性質から BD:DC,AI:ID がわかります.

(3) $\overrightarrow{AP}=p\vec{b}$,$\overrightarrow{AQ}=q\vec{c}$ とおくと,pq の範囲を求めることに帰着されます.理系の人は,P,I,Q が一直線上にあることから得られる p,q の関係式から一方を消去して微分する方法で十分ですが,PI:IQ=t:$(1-t)$ とおいて t を主役にすると….

解 (1) 右図において,
BD:DC=AB:AC=3:5

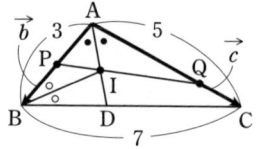

∴ $\overrightarrow{AD}=\dfrac{1}{8}(5\vec{b}+3\vec{c})$

BD=$\dfrac{3}{8}\cdot 7$

∴ AI:ID=BA:BD=$3:\dfrac{3}{8}\cdot 7$=8:7

∴ $\overrightarrow{AI}=\dfrac{8}{15}\overrightarrow{AD}=\dfrac{1}{15}(5\vec{b}+3\vec{c})=\dfrac{1}{3}\vec{b}+\dfrac{1}{5}\vec{c}$ …①

(2) 余弦定理より，$\cos A = \dfrac{3^2+5^2-7^2}{2\cdot 3\cdot 5} = -\dfrac{1}{2}$

∴ $\triangle \text{ABC} = \dfrac{1}{2}\cdot 3\cdot 5\cdot \sin A = \dfrac{1}{2}\cdot 3\cdot 5\cdot \dfrac{\sqrt{3}}{2} = \dfrac{\bm{15}}{\bm{4}}\bm{\sqrt{3}}$

(3) $\overrightarrow{\text{AP}}=p\vec{b}$, $\overrightarrow{\text{AQ}}=q\vec{c}$ とおくと，
$$S = pq\cdot \triangle \text{ABC} = \dfrac{15}{4}\sqrt{3}\,pq \quad \cdots\cdots\text{②}$$

PI : IQ $= t : (1-t)$ とおくと，
$$\overrightarrow{\text{AI}} = (1-t)\overrightarrow{\text{AP}} + t\overrightarrow{\text{AQ}} = (1-t)p\vec{b} + tq\vec{c} \quad \cdots\text{③}$$

③＝① および $\vec{b}$ と $\vec{c}$ が1次独立であることから，
$$(1-t)p = \dfrac{1}{3} \cdots\cdots\text{④}, \quad tq = \dfrac{1}{5} \cdots\cdots\text{⑤}$$

よって $pq = \dfrac{1}{15t(1-t)}$ で，②より $S = \dfrac{\sqrt{3}}{4t(1-t)}\cdots\text{⑥}$

t の範囲を求めよう．$0\le p \le 1$ と④より $1-t \ge \dfrac{1}{3}$

$0\le q\le 1$ と⑤より $t\ge \dfrac{1}{5}$ ∴ $\dfrac{1}{5}\le t\le \dfrac{2}{3}$

よって，$t(1-t)$ の範囲は，

$\dfrac{1}{5}\cdot \dfrac{4}{5} \le t(1-t) \le \dfrac{1}{2}\cdot \dfrac{1}{2}$

∴ $\dfrac{4}{25} \le t(1-t) \le \dfrac{1}{4}$

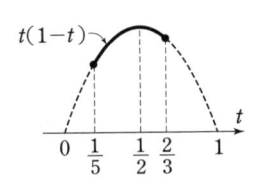

⑥とから答えは，$\bm{\sqrt{3}} \le \bm{S} \le \dfrac{\bm{25}}{\bm{16}}\bm{\sqrt{3}}$

⇨**注** p と q の関係式は，④⑤から t を消去すれば出ます．あるいは，①より $\overrightarrow{\text{AI}} = \dfrac{1}{3}\cdot\dfrac{1}{p}\overrightarrow{\text{AP}} + \dfrac{1}{5}\cdot\dfrac{1}{q}\overrightarrow{\text{AQ}}$

直線PQ上にIがあることから，$\dfrac{1}{3p}+\dfrac{1}{5q}=1$ …⑦

なお，pq の最小値は，⑦のままでも，相加$\geqq$相乗から出ます．$1=\dfrac{1}{3p}+\dfrac{1}{5q}\geqq 2\sqrt{\dfrac{1}{3p}\cdot\dfrac{1}{5q}}=\dfrac{2}{\sqrt{15pq}}$

$\therefore\ pq\geqq\dfrac{4}{15}$ （等号は $\dfrac{1}{3p}=\dfrac{1}{5q}=\dfrac{1}{2}$ のとき）

≪**ヒビモニの解答**≫ （1） **延廣君**と**山本君**が解方式，**元山君**も同様．**龍野君**も角の二等分線の性質から．**菊田君**は $\angle A$ の二等分線の方向を，同じ長さのベクトルの和，つまり $\vec{b}+\dfrac{3}{5}\vec{c}$ と捉えました．3人は内接円の半径を経由．正解6人．2人はミスして(3)を give up．
（3） 1人誤り，2人ミス，正解3人．解は**延廣君**の方法．4人は一文字消去，例えば $pq=\dfrac{3p^2}{5(3p-1)}$ として微分．注の⑦の導き方は**菊田君**の方法．

延廣君「消えんのか？って思ってた文字たちが消えた時の快感と言ったら（≧∇≦）」（70分）

ベクトル・解説編

1・5 四角形 ABCD において，
$\vec{AB}\cdot\vec{BC}=\vec{BC}\cdot\vec{CD}=\vec{CD}\cdot\vec{DA}=\vec{DA}\cdot\vec{AB}$ とする．
(1) $|\vec{AB}|^2+|\vec{BC}|^2=|\vec{CD}|^2+|\vec{DA}|^2$ を示せ．
(2) $|\vec{AB}|=|\vec{CD}|$ を示せ．
(3) $\vec{AB}\perp\vec{BC}$ を示せ．

　　　　　　　＊　　　　　　　　＊

[解説]（1） $|\vec{AB}|^2+|\vec{BC}|^2$ と $\vec{AB}\cdot\vec{BC}$ から…．
（2）（1）と同様の式が成り立ちます．
（3）（1）（2）と与式から角の関係がわかります．実は凸四角形のときは直接導くこともできます（注）．

解 $\vec{AB}\cdot\vec{BC}=\vec{BC}\cdot\vec{CD}=\vec{CD}\cdot\vec{DA}=\vec{DA}\cdot\vec{AB}$ ……①

（1） $|\vec{AC}|^2=|\vec{CA}|^2$ より
$|\vec{AB}+\vec{BC}|^2=|\vec{CD}+\vec{DA}|^2$ だから，
$|\vec{AB}|^2+|\vec{BC}|^2+2\vec{AB}\cdot\vec{BC}=|\vec{CD}|^2+|\vec{DA}|^2+2\vec{CD}\cdot\vec{DA}$
①より $\vec{AB}\cdot\vec{BC}=\vec{CD}\cdot\vec{DA}$ だから，
$$|\vec{AB}|^2+|\vec{BC}|^2=|\vec{CD}|^2+|\vec{DA}|^2 \quad \cdots\cdots ②$$

（2）同様に，$|\vec{DA}+\vec{AB}|^2=|\vec{BC}+\vec{CD}|^2$
と，$\vec{DA}\cdot\vec{AB}=\vec{BC}\cdot\vec{CD}$ より，
$$|\vec{DA}|^2+|\vec{AB}|^2=|\vec{BC}|^2+|\vec{CD}|^2 \quad \cdots\cdots ③$$
②＋③より $2|\vec{AB}|^2=2|\vec{CD}|^2$ ∴ $|\vec{AB}|=|\vec{CD}|$ …④

（3） ②④より $|\overrightarrow{BC}|=|\overrightarrow{DA}|$ ……⑤
④⑤より ABCD は平行四辺形
だから，$\angle B+\angle C=180°$ ………⑥
①より $\overrightarrow{AB}\cdot\overrightarrow{BC}=\overrightarrow{BC}\cdot\overrightarrow{CD}$
 ∴ $\overrightarrow{BA}\cdot\overrightarrow{BC}=\overrightarrow{CB}\cdot\overrightarrow{CD}$
  ∴ $|\overrightarrow{BA}||\overrightarrow{BC}|\cos\angle B=|\overrightarrow{CB}||\overrightarrow{CD}|\cos\angle C$
④とから，$\cos\angle B=\cos\angle C$
これと⑥より $\angle B=\angle C=90°$ だから，$\overrightarrow{AB}\perp\overrightarrow{BC}$

⇨注 ABCD が凸四角形のとき，①より
$\overrightarrow{BA}\cdot\overrightarrow{BC}=\overrightarrow{CB}\cdot\overrightarrow{CD}=\overrightarrow{DC}\cdot\overrightarrow{DA}=\overrightarrow{AD}\cdot\overrightarrow{AB}\ (=k\ とおく)$
$k>0$ とすると，$\angle B$, $\angle C$, $\angle D$, $\angle A$ が鋭角
$k<0$ とすると，$\angle B$, $\angle C$, $\angle D$, $\angle A$ が鈍角
となり，いずれの場合も $\angle A+\angle B+\angle C+\angle D=360°$
に矛盾．よって $k=0$ で $\angle A=\angle B=\angle C=\angle D=90°$

≪ヒビモニの解答≫ 1人は(2)(3)を give up,
(2)(3)で各1人誤り，3人は(1)または(4)で
$\overrightarrow{AB}\cdot\overrightarrow{BC}=|\overrightarrow{AB}||\overrightarrow{BC}|\cos\angle ABC$
と早合点．$\overrightarrow{AB}$ と $\overrightarrow{BC}$ のなす角は，
図の θ でなく $180°-\theta$ です．
正解は，(1)7人，(2)6人，
(3)4人．(2)は3人．
(3)は**神林君**と**山本君**が解と同様．
神林君「いつの間にか解けていました．」（40分）

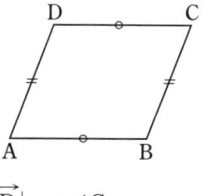

1・6 $0<\theta<\dfrac{\pi}{2}$ とする．点 O を中心とする円周上に反時計回りに並んだ 5 点 A, B, C, D, E があり，∠AOB, ∠BOC, ∠COD, ∠DOE はすべて θ に等しい．$\alpha=2\pi-4\theta$, $\vec{c}=\overrightarrow{OC}$, $t=\cos\theta$ とする．

(1) $\overrightarrow{OB}+\overrightarrow{OD}$ および $\overrightarrow{OA}+\overrightarrow{OE}$ を $\vec{c}$ と t を用いて表せ．

(2) $\overrightarrow{OA}+\overrightarrow{OB}+\overrightarrow{OC}+\overrightarrow{OD}+\overrightarrow{OE}=\vec{0}$ が成り立つとき，α は θ に等しいことを示せ．

*   *

[解説] （2）（1）を用いると t が出るので，それが $\cos 72°$ に等しいことを示せば解決しますが，t の 2 次方程式のままで $\cos\alpha=\cos\theta$ を示すこともできます．ただし，$\cos\alpha=\cos\theta$ でも $\alpha=\theta$ とは限りません．

解 （1）円の半径を 1 として良い．右図で
$OH=OB\cos\theta=t$ だから，
$$\overrightarrow{OB}+\overrightarrow{OD}=2\overrightarrow{OH}=2t\vec{c}$$

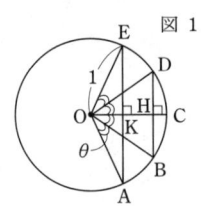

$2\theta\leq\pi/2$ のとき，図 1 で，
$\overrightarrow{OA}+\overrightarrow{OE}=2\overrightarrow{OK}=2\cos 2\theta\,\vec{c}$

$2\theta>\pi/2$ のとき，図 2 で，
$OK=-\cos 2\theta$ だから，
$\overrightarrow{OA}+\overrightarrow{OE}=2\overrightarrow{OK}$
$=-2OK\vec{c}=2\cos 2\theta\,\vec{c}$

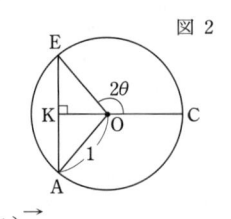

いずれの場合も，
$$\overrightarrow{OA}+\overrightarrow{OE}=2\cos 2\theta\,\vec{c}=2(2t^2-1)\vec{c}$$

（**2**） $\overrightarrow{OA}+\overrightarrow{OB}+\overrightarrow{OC}+\overrightarrow{OD}+\overrightarrow{OE}=\vec{0}$ のとき，（1）より
$$\{2t+2(2t^2-1)+1\}\vec{c}=\vec{0}$$
∴ $(4t^2+2t-1)\vec{c}=\vec{0}$ ∴ $4t^2+2t-1=0$ ……①
一方，$\cos\alpha=\cos(2\pi-4\theta)=\cos 4\theta=2\cos^2 2\theta-1$
$=2(2t^2-1)^2-1=8t^4-8t^2+1$
　　　　［これを①の左辺で割ることにより］
$=(4t^2+2t-1)(2t^2-t-1)+t=t$　（∵ ①）
よって，$\cos\alpha=\cos\theta$ ……………………………②

$0<\theta<\dfrac{\pi}{2}$，$0<\alpha<2\pi$ より，$\alpha=\theta$ または $\alpha=2\pi-\theta$

$\alpha=2\pi-\theta$ とすると，$\alpha=2\pi-4\theta$ とから $\theta=0$ となり，不適．したがって，$\alpha=\theta$

≪ヒビモニの解答≫ （1） 5人は鈍角の場合を考えておらず，完全なのは3人．
（2） 4人は②を導き，**元山君**は正解でしたが，3人は②からいきなり $\alpha=\theta$ とする飛躍．4人は①を解いて，$\cos\theta=t=\dfrac{-1+\sqrt{5}}{4}$ とし，それ以降，**高橋君**と**龍野君**は $\cos\dfrac{2\pi}{5}=\dfrac{-1+\sqrt{5}}{4}$ ……③ を導き，$\theta=\dfrac{2\pi}{5}$ となることから正解，一方2人は③を説明抜きで用いましたが，本問は，それでは身も蓋もありませぇん．
龍野君「まさか場合分けがいるとは思わなんだ」（29分）
菊田君「結果が見えているといろいろと見落としがちになりますね．by あわてる乞食」（25分）
神林君「θ がたくさん並ぶと孔雀の羽に見えるような気がします．」（30分）

ベクトル・解説編

1・7 Oを中心とし，半径が1と2の同心円 C_1, C_2 がある．点Pは，C_2 の内部および周を動くものとする．

(1) C_1 の周上に点Aがあるとき，$\overrightarrow{OA}\cdot\overrightarrow{OP}\geqq 1$ を満たすようなPの存在領域の面積は ☐ である．

(2) C_1 の周上の点Bを適当に選ぶことで $\overrightarrow{OB}\cdot\overrightarrow{OP}\geqq 1$ を満たすようにできるPの存在領域の面積は ☐ である．

(3) 点Q, Rが，OQとORのなす角を $30°$ に保つように C_1 の周上を動くとする．Pが C_2 の周上を動くとき，$\overrightarrow{OP}\cdot\overrightarrow{OQ}+\overrightarrow{OP}\cdot\overrightarrow{OR}$ の最大値は ☐ であり，そのとき，$\overrightarrow{OP}$ と $\overrightarrow{OQ}$ のなす角 α ($0°\leqq\alpha\leqq 90°$) は ☐ である．

*   *

[**解説**] (1)のAは固定された点であるのに対し，(2)のBは C_1 上に勝手に取ることができます．

(3) $\overrightarrow{OP}$ でくくると動点Pが一箇所にまとまり，扱いやすくなります．

解 (1) Oを原点に座標設定する．A(1, 0) としてよく，このときP(x, y) とおくと，$\overrightarrow{OA}\cdot\overrightarrow{OP}=x\geqq 1$ よってPの存在領域は右図網目部で，答えは，

扇形ODE $-\triangle$ODE
$= \dfrac{\pi}{3}\cdot 2^2 - \dfrac{1}{2}\cdot 1\cdot\sqrt{3}\times 2$
$= \dfrac{4}{3}\pi - \sqrt{3}$

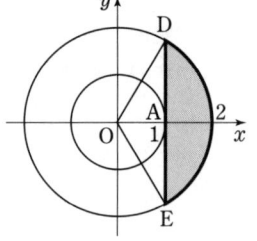

（2） 題意の領域は（1）の A を O のまわりに回転させたときの網目部の通過領域だから，右図網目部で，$2^2\pi - \pi = \bm{3\pi}$

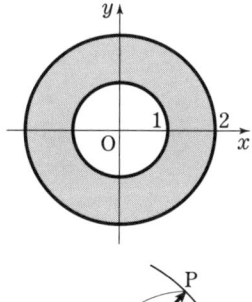

（3） $\overrightarrow{OP} \cdot \overrightarrow{OQ} + \overrightarrow{OP} \cdot \overrightarrow{OR}$
$= \overrightarrow{OP} \cdot (\overrightarrow{OQ} + \overrightarrow{OR})$

これが最大になるのは，$\overrightarrow{OP}$ が $\overrightarrow{OQ} + \overrightarrow{OR}$ と同じ向きのとき，つまり，$\bm{\alpha = 15°}$ のとき．
$\overrightarrow{OQ} + \overrightarrow{OR} = \overrightarrow{OS}$ とおくと，最大値は $|\overrightarrow{OP}||\overrightarrow{OS}| = 2 \cdot 2\cos 15°$
$= 4\cos(45° - 30°) = \bm{\sqrt{6} + \sqrt{2}}$

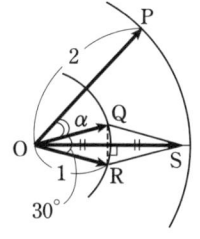

≪ヒビモニの解答≫
（1）（2） 2人は答えが逆，1人は他の誤り，1人は（1）でケアレスミス．正解は，（1）4人，（2）5人．内積の捉え方は，$\overrightarrow{OA}$ と $\overrightarrow{OP}$ のなす角を θ として $\overrightarrow{OA} \cdot \overrightarrow{OP} = |\overrightarrow{OP}|\cos\theta$ とするのが主流派．

（3） **菊田君**と**高橋君**が解方式で正解．6人は $\overrightarrow{OP} \cdot \overrightarrow{OQ}$ と $\overrightarrow{OP} \cdot \overrightarrow{OR}$ を別々に捉えて加え，2人正解，2人ケアレスミス，1人は α を give up，1人はギロンに誤り．

菊田君「内積の意味が分かってれば早いかも」（15分）
山本君「（3）で問題文を最後まで読んでおけば…」（1時間）
神林君「上手く言葉にできない．」（40分）
龍野君「うまい解法だと思うと別のつまらないところで間違える．これがテンション・リダクションってやつですね．」（36分）

ベクトル・解説編

1・8 平面上に 4 点 O, A, B, C があり, 点 O を始点とするそれぞれの位置ベクトルを $\vec{a}$, $\vec{b}$, $\vec{c}$ とし, $|\vec{a}|=\sqrt{2}$, $|\vec{b}|=\sqrt{10}$, $\vec{a}\cdot\vec{b}=2$, $\vec{a}\cdot\vec{c}=8$, $\vec{b}\cdot\vec{c}=20$ が成り立つとする.

(1) $\vec{c}$ を $\vec{a}$ と $\vec{b}$ を用いて表せ.

(2) 点 C から直線 AB に下ろした垂線と直線 AB の交点を H とする. このとき, ベクトル $\overrightarrow{OH}$ を $\vec{a}$ と $\vec{b}$ を用いて表せ. また, $|\overrightarrow{CH}|$ を求めよ.

(3) 実数 s, t に対して, 点 P を $\overrightarrow{OP}=s\vec{a}+t\vec{b}$ で定める. s, t が条件 $(s+t-1)(s+3t-3)\leqq 0$ を満たしながら変化するとき, $|\overrightarrow{CP}|$ の最小値を求めよ.

　　　　　　　　＊　　　　　　＊

[解説] (3) $\overrightarrow{OP}=s\vec{a}+t\vec{b}$ ……Ⓐ
$(s+t-1)(s+3t-3)\leqq 0$
を満たす P の存在範囲は,
$\vec{a}=\begin{pmatrix}1\\0\end{pmatrix}$, $\vec{b}=\begin{pmatrix}0\\1\end{pmatrix}$ なら, 普通の座標平面と同じで右図の網目部になりますが, Ⓐの (s, t) は $\vec{a}$, $\vec{b}$ を基準にした座標のようなものですから (☞p.22), 一般の $\vec{a}$, $\vec{b}$ の場合も, 上図がゆがむだけです. すると, 境界は直線になるので, 境界線上のどこかで CP は最小になります.

46

解 $|\vec{a}|=\sqrt{2}$, $|\vec{b}|=\sqrt{10}$, $\vec{a}\cdot\vec{b}=2$ ……………①
$\vec{a}\cdot\vec{c}=8$, $\vec{b}\cdot\vec{c}=20$ ……………②

(1) $\vec{c}=\alpha\vec{a}+\beta\vec{b}$ とおくと，①②より，
$\vec{a}\cdot\vec{c}=\alpha|\vec{a}|^2+\beta\vec{a}\cdot\vec{b}=2\alpha+2\beta=8$
$\vec{b}\cdot\vec{c}=\alpha\vec{a}\cdot\vec{b}+\beta|\vec{b}|^2=2\alpha+10\beta=20$

$\therefore\ \beta=\dfrac{3}{2},\ \alpha=\dfrac{5}{2}\ \ \therefore\ \vec{c}=\dfrac{5}{2}\vec{a}+\dfrac{3}{2}\vec{b}$ ………③

(2) $\overrightarrow{AH}$ は，$\overrightarrow{AC}$ の $\overrightarrow{AB}$ 上への正射影ベクトルだから，

$\overrightarrow{AH}=\dfrac{\overrightarrow{AC}\cdot\overrightarrow{AB}}{|\overrightarrow{AB}|^2}\overrightarrow{AB}$

$=\dfrac{(\vec{c}-\vec{a})\cdot(\vec{b}-\vec{a})}{|\vec{b}-\vec{a}|^2}\overrightarrow{AB}$

［①②を用いて］

$=\dfrac{20-8-2+2}{10-2\cdot2+2}\overrightarrow{AB}=\dfrac{3}{2}\overrightarrow{AB}$

$\therefore\ \overrightarrow{OH}=\overrightarrow{OA}+\dfrac{3}{2}\overrightarrow{AB}=\vec{a}+\dfrac{3}{2}(\vec{b}-\vec{a})=-\dfrac{1}{2}\vec{a}+\dfrac{3}{2}\vec{b}$

$\overrightarrow{CH}=\overrightarrow{OH}-\vec{c}=-3\vec{a}$ だから，$|\overrightarrow{CH}|=3\sqrt{2}$

(3) $(s+t-1)(s+3t-3)\leqq0$ より，
　　　"$s+t-1\geqq0$ かつ $s+3t-3\leqq0$" または
　　　"$s+t-1\leqq0$ かつ $s+3t-3\geqq0$"

いま，$s+t-1=0$ となる P は直線 AB を描く．また，$O(s,\ t)=(0,\ 0)$ は $s+t-1<0$ を満たすから，$s+t-1<0$ となる P の存在範囲は直線 AB に関して O と同じ側，$s+t-1>0$ となる P は直線 AB に関して O と反対側．同様に，$s+3t-3=0$ のときの P が描く直線

ベクトル・解説編

を l とおくと, $s+3t-3<0$ は l に関して O と同じ側, $s+3t-3>0$ は O と反対側になる. なお, $s+3t-3=0$ より $\dfrac{s}{3}+t=1$ であり,

$$s\vec{a}+t\vec{b}=\dfrac{s}{3}\cdot(3\vec{a})+t\vec{b}$$

だから, l は右図の直線 DB.
よって, P の存在範囲は右図
網目部 (境界を含む).

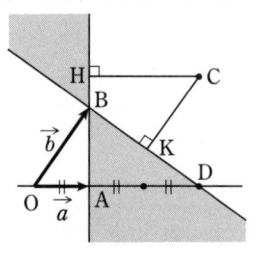

したがって, C から直線 BD に垂線 CK を下ろすと, 求める最小値は, CH と CK の小さい方.

$\overrightarrow{BK}$ は, $\overrightarrow{BC}$ の $\overrightarrow{BD}$ 上への正射影ベクトルだから,

$$\overrightarrow{BK}=\dfrac{\overrightarrow{BC}\cdot\overrightarrow{BD}}{|\overrightarrow{BD}|^2}\overrightarrow{BD}=\dfrac{(\vec{c}-\vec{b})\cdot(3\vec{a}-\vec{b})}{|3\vec{a}-\vec{b}|^2}\overrightarrow{BD}$$

$$=\dfrac{3\cdot 8-20-3\cdot 2+10}{9\cdot 2-6\cdot 2+10}\overrightarrow{BD}=\dfrac{1}{2}\overrightarrow{BD} \quad (\because \ ①②)$$

$\therefore \ \overrightarrow{OK}=\overrightarrow{OB}+\dfrac{1}{2}\overrightarrow{BD}=\vec{b}+\dfrac{1}{2}(3\vec{a}-\vec{b})=\dfrac{3}{2}\vec{a}+\dfrac{1}{2}\vec{b}$

③とから, $\overrightarrow{CK}=\overrightarrow{OK}-\vec{c}=-\vec{a}-\vec{b}$ となり,
$|\overrightarrow{CK}|^2=|-\vec{a}-\vec{b}|^2=2+2\cdot 2+10=16 \ \therefore \ CK=4$

(2) より, $CH=3\sqrt{2}>4$ だから, 答えは **4**

≪**ヒビモニの解答**≫ (2) **太田君**と**菊田君**が解方式.
(3) 1人 give up, 1人誤答, 1人は答えは合ったものの $s+t-1=0$ か $s+3t-3=0$ で最小になる根拠ナシ, 2人は解と同様でしたが境界線または領域を図示ミス.
元山君は $\vec{a}=\begin{pmatrix}\sqrt{2}\\0\end{pmatrix}$, $\vec{b}=\begin{pmatrix}\sqrt{2}\\2\sqrt{2}\end{pmatrix}$ として正解. 2人は

文字のおきかえをして，**山本君**は正解，1人ミス．
菊田君「最小にするPの候補が境界に下ろした垂線の足になることがなかなか見えませんでした」(50分)
龍野君「ベクトルで条件付き最大最小ってあまり見ない気がして斬新に感じました．
図形的解法って大事だなと痛感します」(54分)

1・9 空間内の四面体 OABC について，$\overrightarrow{OA}=\vec{a}$，$\overrightarrow{OB}=\vec{b}$，$\overrightarrow{OC}=\vec{c}$ とおく．辺 OA 上の点 D は OD：DA＝1：2 を満たし，辺 OB 上の点 E は OE：EB＝1：1 を満たし，辺 BC 上の点 F は BF：FC＝2：1 を満たすとする．3 点 D, E, F を通る平面を α とする．以下の問に答えよ．

（1） α と辺 AC が交わる点を G とする．$\vec{a}$，$\vec{b}$，$\vec{c}$ を用いて $\overrightarrow{OG}$ を表せ．

（2） α と直線 OC が交わる点を H とする．OC：CH を求めよ．

（3） 四面体 OABC を α で 2 つの立体に分割する．この 2 つの立体の体積比を求めよ．

*   *

[**解説**] （3）（2）が利用できます．O を含む方を，四面体 ODEH から四面体 CFGH を除いたものと見て，これらと OABC の体積比を考えましょう．どこを底面と見るかがポイント．

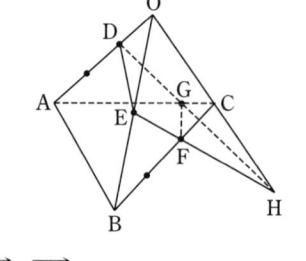

解 （1） α 上の点 P は，
$$\overrightarrow{OP}=\overrightarrow{OE}+s\overrightarrow{ED}+t\overrightarrow{EF}$$
$$=\overrightarrow{OE}+s(\overrightarrow{OD}-\overrightarrow{OE})+t(\overrightarrow{OF}-\overrightarrow{OE})$$
$$=\frac{1}{2}\vec{b}+s\left(\frac{1}{3}\vec{a}-\frac{1}{2}\vec{b}\right)+t\left\{\left(\frac{1}{3}\vec{b}+\frac{2}{3}\vec{c}\right)-\frac{1}{2}\vec{b}\right\}$$
$$=\frac{1}{3}s\vec{a}+\left(\frac{1}{2}-\frac{1}{2}s-\frac{1}{6}t\right)\vec{b}+\frac{2}{3}t\vec{c} \quad\cdots\cdots\cdots①$$

と表せる．P=G のとき，①の $\vec{b}$ の係数は 0 で，$\vec{a}$ と $\vec{c}$ の係数の和は 1 だから，

$$\frac{1}{2}-\frac{1}{2}s-\frac{1}{6}t=0,\ \frac{1}{3}s+\frac{2}{3}t=1\ \ \therefore\ \ s=\frac{3}{5},\ t=\frac{6}{5}$$

①に代入して，$\overrightarrow{OG}=\dfrac{1}{5}\vec{a}+\dfrac{4}{5}\vec{c}$ ……………………②

(2) P=H のとき，①の $\vec{a}$ と $\vec{b}$ の係数は 0 だから，

$$\frac{1}{3}s=0,\ \frac{1}{2}-\frac{1}{2}s-\frac{1}{6}t=0\ \ \therefore\ \ s=0,\ t=3$$

①に代入して，$\overrightarrow{OH}=2\vec{c}$ ∴ **OC：CH＝1：1** ……③

(3) 四面体 OABC の体積を V，立体 ODEFCG の体積を V_1，立体 ABFGDE の体積を V_2 とおく．

$$V_1=(四面体\ ODEH)-(四面体\ CFGH)$$

ODEH と OABC の底面を △ODE と △OAB と見ると，高さの比は HO：CO に等しい．これと③より，

$$\frac{ODEH}{OABC}=\frac{\triangle ODE}{\triangle OAB}\times\frac{HO}{CO}=\frac{1}{3}\cdot\frac{1}{2}\times\frac{2}{1}=\frac{1}{3}$$

CFGH と OABC の底面を △CGF と △CAB と見ると，高さの比は HC：OC に等しい．ここで，②より CG：GA＝1：4 だから，

$$\frac{CFGH}{OABC}=\frac{\triangle CGF}{\triangle CAB}\times\frac{HC}{OC}=\frac{1}{5}\cdot\frac{1}{3}\times\frac{1}{1}=\frac{1}{15}$$

よって，$V_1=\dfrac{1}{3}V-\dfrac{1}{15}V=\dfrac{4}{15}V$，$V_2=V-V_1=\dfrac{11}{15}V$

したがって，$V_1:V_2=\bm{4:11}$

≪ヒビモニの解答≫ (1)で 1 人，(2)で 2 人ミス．
(3) 2 人 give up，2 人は錐でないのに錐の体積比と

ベクトル・解説編

混同する誤り，1人は(2)のミスが影響．正解3人（1人はHを用いなかったので(2)のミスが影響せず）．解方式はおらず，**元山君**と**山本君**が解に近い方法．
龍野君「誘導無視して助かりました．」（38分）

ベクトル・解説編

1・10 a, b を正の実数とし、座標空間内の点を $A(a, 0, 0)$, $B(0, b, 0)$, $C(0, 0, 1)$, $P(2, 2, 1)$ とする。次の問いに答えよ。

(1) $\triangle ABC$ の面積 S を a, b を用いて表せ。

(2) ベクトル $\overrightarrow{AB}$ と $\overrightarrow{AC}$ の両方に直交する長さ1のベクトルをすべて、a, b を用いて成分表示せよ。

(3) 点 P から $\triangle ABC$ を含む平面に下ろした垂線の足を H とする。ベクトル $\overrightarrow{PH}$ を a, b を用いて成分表示せよ。

(4) 四面体 PABC の体積 V を a, b を用いて表せ。

(5) $V = \dfrac{1}{3}$ であるとき b を a を用いて表せ。また、このときの $\triangle ABC$ の面積 S の最小値とそのときの a の値を求めよ。

　　　　　＊　　　　　　　　　＊

[解説]（3）$\overrightarrow{AB}$ と $\overrightarrow{AC}$ に垂直なベクトルの一つを $\vec{n}$ として、$\overrightarrow{OH} = \overrightarrow{OP} + p\vec{n} = \overrightarrow{OA} + s\overrightarrow{AB} + t\overrightarrow{AC}$ ………Ⓐ
とおいたあと、Ⓐの両辺の各成分を比較しても良いのですが、両辺と $\vec{n}$ の内積をとると s, t が消えます。

解　(1) $\overrightarrow{AB} = \begin{pmatrix} -a \\ b \\ 0 \end{pmatrix}$, $\overrightarrow{AC} = \begin{pmatrix} -a \\ 0 \\ 1 \end{pmatrix}$ より、

$$S = \frac{1}{2}\sqrt{|\overrightarrow{AB}|^2|\overrightarrow{AC}|^2 - (\overrightarrow{AB} \cdot \overrightarrow{AC})^2}$$

$$= \frac{1}{2}\sqrt{(a^2+b^2)(a^2+1) - (a^2)^2} = \boldsymbol{\frac{1}{2}\sqrt{a^2b^2 + a^2 + b^2}}$$

(2) $\overrightarrow{AB}$ と $\overrightarrow{AC}$ に垂直なベクトルを $\vec{n}=\begin{pmatrix} x \\ y \\ z \end{pmatrix}$ とおく

と,$\overrightarrow{AB}\cdot\vec{n}=-ax+by=0$, $\overrightarrow{AC}\cdot\vec{n}=-ax+z=0$

$z=ax$, $y=\dfrac{a}{b}x$ より,$\vec{n}$ の一つは $\vec{n_1}=\begin{pmatrix} b \\ a \\ ab \end{pmatrix}$ ……①

答えは,$\pm\dfrac{1}{\sqrt{a^2b^2+a^2+b^2}}\begin{pmatrix} b \\ a \\ ab \end{pmatrix}$

(3) ①の $\vec{n_1}$ を用いて $\overrightarrow{PH}=p\vec{n_1}$ とおくと,
$$\overrightarrow{OH}=\overrightarrow{OP}+p\vec{n_1}=\overrightarrow{OA}+s\overrightarrow{AB}+t\overrightarrow{AC} \quad\cdots\cdots ②$$
と表せる.②の(中辺)$\cdot\vec{n_1}$=(右辺)$\cdot\vec{n_1}$ より,
$$(\overrightarrow{OP}+p\vec{n_1})\cdot\vec{n_1}=(\overrightarrow{OA}+s\overrightarrow{AB}+t\overrightarrow{AC})\cdot\vec{n_1}$$
$\overrightarrow{AB}\cdot\vec{n_1}=0$, $\overrightarrow{AC}\cdot\vec{n_1}=0$ より $\overrightarrow{OP}\cdot\vec{n_1}+p\vec{n_1}\cdot\vec{n_1}=\overrightarrow{OA}\cdot\vec{n_1}$

∴ $2b+2a+ab+p(a^2b^2+a^2+b^2)=ab$

∴ $p=\dfrac{-2(a+b)}{a^2b^2+a^2+b^2}$, $\overrightarrow{PH}=\dfrac{-2(a+b)}{a^2b^2+a^2+b^2}\begin{pmatrix} b \\ a \\ ab \end{pmatrix}$

(4) $V=\dfrac{1}{3}S\cdot PH$
$=\dfrac{1}{3}\cdot\dfrac{1}{2}\sqrt{a^2b^2+a^2+b^2}\cdot\dfrac{2(a+b)}{\sqrt{a^2b^2+a^2+b^2}}=\dfrac{a+b}{3}$

(5) $V=\dfrac{1}{3}$ のとき,$a+b=1$ ∴ $b=1-a$

よって,$a^2b^2+a^2+b^2=a^2(1-a)^2+a^2+(1-a)^2$
$=a^4-2a^3+3a^2-2a+1 \quad\cdots\cdots\cdots ③$

これを $f(a)$ とおくと,
$f'(a)=2(2a^3-3a^2+3a-1)=2(2a-1)(a^2-a+1)$

$f(a)$ は $a=\dfrac{1}{2}$ のとき最小．答えは $\dfrac{1}{2}\sqrt{f\left(\dfrac{1}{2}\right)}=\dfrac{3}{8}$

≪ヒビモニの解答≫ （3） 1人誤り，1人は②の中辺を $\overrightarrow{OP}+t\overrightarrow{n_1}$ とおいて，右辺の t と混同「最低なミスをしてしまいました」，1人は PH の長さを経由し，向きに無頓着だったため符号が逆，2人ミス，正解3人．解は**延廣君**の方法，**龍野君**は②の成分比較，**太田君**も同様，**菊田君**と**山本君**は平面 ABC の式に $\overrightarrow{OP}+p\overrightarrow{n_1}$ を代入．
（5） 3人は(3)の誤りが影響（2人 give up）．正解5人．**菊田君**は ③$=(a^2-a+1)^2$ を見抜き，**山本君**は
$\sqrt{a^2b^2+a^2+b^2}=\sqrt{a^2b^2+(a+b)^2-2ab}$
$=\sqrt{a^2b^2+1-2ab}=\sqrt{(ab-1)^2}=|ab-1|=1-ab$
と，上手く処理．
菊田君「最後の二乗に気付けて良かった…」（30分）
龍野君「雨ニモ負ケズ，風ニモ負ケズ，計算ミスニモ負ケズ」（32分）

1・11 同一平面上にない4点 O, A, B, C に対して, $\overrightarrow{OA}=\vec{a}$, $\overrightarrow{OB}=\vec{b}$, $\overrightarrow{OC}=\vec{c}$ とおく. 点 A, B, C を含む平面上に点 D をとる.

(1) $\overrightarrow{OD}=x\vec{a}+y\vec{b}+z\vec{c}$ と表すとき, 実数 x, y, z が満たすべき条件を求めなさい.

(2) 4点 A, B, C, D は四角形 ABCD をなし, 次の条件 $\vec{a}\perp\vec{b}$, $\vec{b}\perp\vec{c}$, $\vec{c}\perp\vec{a}$,
$$|\vec{a}|=|\vec{b}|=|\vec{c}|=1,\ |\overrightarrow{OD}|=\sqrt{\frac{17}{2}}$$
を満たすとする. その辺 AB, BC, CD, DA の中点をそれぞれ P, Q, R, S とし, 四角形 PQRS が長方形をなすとする. ただし, 四角形 PQRS は四角形 ABCD に含まれるものとする. このとき, x, y, z の値を求めなさい.

* *

[解説] (2) PQRS は必ず平行四辺形になるので, PQ⊥QR なら長方形です. "□PQRS は □ABCD に含まれる"という条件があるので, 解の吟味が必要です.

解 (1) $\overrightarrow{OD}=\overrightarrow{OA}+s\overrightarrow{AB}+t\overrightarrow{AC}$
$=\vec{a}+s(\vec{b}-\vec{a})+t(\vec{c}-\vec{a})=(1-s-t)\vec{a}+s\vec{b}+t\vec{c}$
とおける. $\overrightarrow{OD}=x\vec{a}+y\vec{b}+z\vec{c}$ と比べて,
$x=1-s-t,\ y=s,\ z=t$ ∴ $\boldsymbol{x+y+z=1}$ ……①

(2) PQ∥AC∥SR, QR∥BD∥PS
だから, PQRS は平行四辺形. 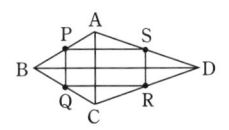
よって PQ⊥QR なら長方形に
なる. したがって,
AC⊥BD となればよいから
$\vec{AC}\cdot\vec{BD}=(\vec{c}-\vec{a})\cdot(x\vec{a}+y\vec{b}+z\vec{c}-\vec{b})=0$
$\vec{a}\cdot\vec{b}=\vec{b}\cdot\vec{c}=\vec{c}\cdot\vec{a}=0$, $|\vec{a}|=|\vec{b}|=|\vec{c}|=1$ ………②
を用いて, $-x+z=0$ ∴ $z=x$ ……………③
$|\vec{OD}|^2=|x\vec{a}+y\vec{b}+z\vec{c}|^2=\dfrac{17}{2}$ と②より,

$$x^2+y^2+z^2=\dfrac{17}{2} \quad\text{……………………④}$$

③①より $z=x$, $y=1-2x$ だから, ④に代入して

$x^2+(1-2x)^2+x^2=\dfrac{17}{2}$ ∴ $12x^2-8x-15=0$

∴ $(2x-3)(6x+5)=0$

また $\vec{OD}=\vec{OA}+y\vec{AB}+z\vec{AC}$

$x=z=\dfrac{3}{2}$ のとき, $y=-2$
で, 図1のようになり OK.

$x=z=-\dfrac{5}{6}$ のとき, $y=\dfrac{8}{3}$
で, 図2のようになり不適.
よって答えは

$x=\dfrac{3}{2}$, $y=-2$, $z=\dfrac{3}{2}$

図1

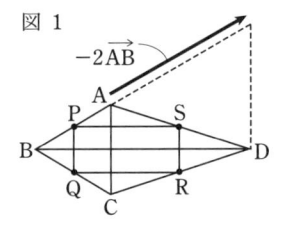

図2

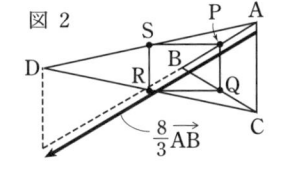

ベクトル・解説編

≪**ヒビモニの解答**≫ （2） 1人計算ミス，4人は解の吟味を忘れ，1人は不適な方を排除した理由がなく，正解は**龍野君**と**元山君**で，"$\overrightarrow{OD}$ の $\vec{b}$ の係数が正だと，直線 AC に関して D が B と同じ側にあり不適" と上手く吟味．なお，**山本君**が解のように中点連結定理を利用．
神林君「（1）は常識？」（40分）
龍野君「何もない時こそミスに注意」（26分）

ベクトル・解説編

1・12 原点をOとする座標空間において，2点
A(2, 0, 0)，B(0, 3, 0)から等距離にある点の集合
を平面Hとする．次の問いに答えよ．
（1） 直線ABが平面Hに垂直であることを示せ．
（2） 原点Oから平面Hに下ろした垂線の足を点Cと
する．点Cの座標を求めよ．
（3） dを正の実数とする．PをH上の点とするとき，
不等式OP$\leq d$を満たす点Pの領域の面積を求めよ．

*   *

［解説］（1） ABの中点に着目しましょう．
（2） xy平面上で考えれば用は足ります．

解 （1） ABの中点Mは
H上にある．H上のM以外の
任意の点をPとおくと，
PA=PB，AM=BM，MP共通
により，△AMP≡△BMP
だから，∠AMP=∠BMP=90°
よって，AB⊥MPだから，AB⊥H

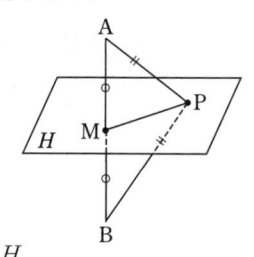

（2） Hは，xy平面上でのABの垂直二等分線lを通
りxy平面に垂直だから，CはOからlに下ろした垂線
の足．lは$y=\dfrac{2}{3}(x-1)+\dfrac{3}{2}$

$\therefore\ y=\dfrac{2}{3}x+\dfrac{5}{6}$

これと$y=-\dfrac{3}{2}x$から，

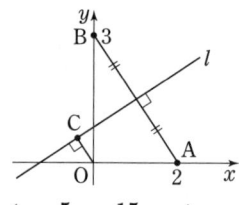

$x=-\dfrac{5}{13},\ y=\dfrac{15}{26}$　　$\therefore\ \mathrm{C}\left(-\dfrac{5}{13},\ \dfrac{15}{26},\ 0\right)$

（3） $\overrightarrow{OC}=\dfrac{5}{26}\begin{pmatrix}-2\\3\\0\end{pmatrix}$ より $OC=\dfrac{5}{26}\sqrt{13}=\dfrac{5}{2\sqrt{13}}$

$d>\dfrac{5}{2\sqrt{13}}$ のとき，半径 $\sqrt{d^2-OC^2}$ の円の周および内部で，面積は $\pi\left(d^2-\dfrac{25}{52}\right)$

$d\leqq\dfrac{5}{2\sqrt{13}}$ のとき，面積は 0

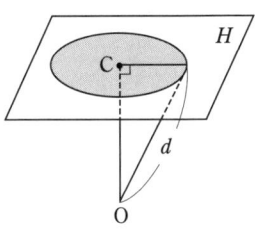

≪ヒビモニの解答≫ （1） 方法はいろいろ．**高橋君**が解と同様．**元山君**は AB⊥MP を式計算で示しました．
（2） 4人が解方式．1人ケアレスミス．
（3） 1人 give up，1人はメンドウな方法で誤り，3人は $d<OC$ の場合を見落とし，正解3人．

ベクトル・解説編

1・13 3点 O(0, 0, 0), A(3, 0, 0), B(1, 2, 1) がある.

(1) z 軸上の点 C(0, 0, m) から直線 AB 上の点 H におろした垂線を CH とする. このとき, 点 H が線分 AB 上にあるような m の値の範囲を求めよ.

(2) 点 H が線分 AB 上にあるとき, 垂線 CH の長さの最大値, 最小値とそのときの H の座標を求めよ.

(3) 三角形 OAB に外接する円の中心 P の座標とその半径 r を求めよ.

*   *

[解説] (2) m よりも, $\overrightarrow{OH} = \overrightarrow{OA} + t\overrightarrow{AB}$ とおいたときの t を主役にした方が計算はラクです.

(3) AB = AO という特殊性が利用できます.

解 (1) $\overrightarrow{OH} = \overrightarrow{OA} + t\overrightarrow{AB}$

$$= \begin{pmatrix} 3 \\ 0 \\ 0 \end{pmatrix} + t\begin{pmatrix} -2 \\ 2 \\ 1 \end{pmatrix} \quad \cdots\cdots \text{①}$$

とおくと, H が線分 AB 上にあるための条件は, $0 \leq t \leq 1$ …②

また, $\overrightarrow{CH} = \overrightarrow{OH} - \overrightarrow{OC} = \begin{pmatrix} 3 \\ 0 \\ 0 \end{pmatrix} + t\begin{pmatrix} -2 \\ 2 \\ 1 \end{pmatrix} - \begin{pmatrix} 0 \\ 0 \\ m \end{pmatrix}$ ……③

$\overrightarrow{CH} \cdot \overrightarrow{AB} = -6 + 9t - m = 0$ より, $m = 9t - 6$ ……………④

②④より, $-6 \leq m \leq 3$

(2) ④を③に代入して, $\overrightarrow{CH} = \begin{pmatrix} 3 \\ 0 \\ 6 \end{pmatrix} + t\begin{pmatrix} -2 \\ 2 \\ -8 \end{pmatrix}$

∴ $CH^2 = 72t^2 - 108t + 45 = 9(8t^2 - 12t + 5)$

$$= 9\left\{8\left(t-\frac{3}{4}\right)^2 + \frac{1}{2}\right\}$$

②①とから，$t=0$，$H(3, 0, 0)$ のとき最大値 $3\sqrt{5}$

$t=\dfrac{3}{4}$，$H\left(\dfrac{3}{2}, \dfrac{3}{2}, \dfrac{3}{4}\right)$ のとき最小値 $\dfrac{3}{\sqrt{2}}$

(3) $AB=3=OA$ より，P は OB の中点と A を通る直線上にあり，$\overrightarrow{AP}=s(\overrightarrow{AO}+\overrightarrow{AB})$ ……⑤ とおける．一方，$|\overrightarrow{AP}|^2=|\overrightarrow{OP}|^2$ より，$|\overrightarrow{AP}|^2=|\overrightarrow{OA}+\overrightarrow{AP}|^2$

∴ $|\overrightarrow{OA}|^2+2\overrightarrow{OA}\cdot\overrightarrow{AP}=0$

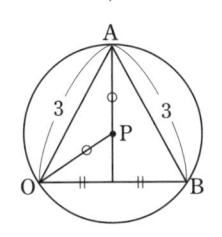

$\overrightarrow{OA}=\begin{pmatrix}3\\0\\0\end{pmatrix}$，$\overrightarrow{AP}=s\left\{\begin{pmatrix}-3\\0\\0\end{pmatrix}+\begin{pmatrix}-2\\2\\1\end{pmatrix}\right\}=s\begin{pmatrix}-5\\2\\1\end{pmatrix}$

より，$9-30s=0$ ∴ $s=\dfrac{3}{10}$

$\overrightarrow{OP}=\overrightarrow{OA}+\overrightarrow{AP}=\begin{pmatrix}3\\0\\0\end{pmatrix}+\dfrac{3}{10}\begin{pmatrix}-5\\2\\1\end{pmatrix}$，$P\left(\dfrac{3}{2}, \dfrac{3}{5}, \dfrac{3}{10}\right)$

$$r=OP=\dfrac{3}{10}\sqrt{5^2+2^2+1}=\dfrac{3}{10}\sqrt{30}$$

≪ヒビモニの解答≫ (1) 2 人は $C(m, 0, 0)$ と早合点．あわてる乞食はもらいが少ない！ **延廣君**は $\overrightarrow{AH}$ が $\overrightarrow{AC}$ の $\overrightarrow{AB}$ 上への正射影ベクトルであることに着目．
(2) 4 人は解と同様，4 人は m の式．正解 4 人．
(3) 1 人 give up，1 人は内接円と早合点，1 人ケアレスミス．正解 5 人．解は**延廣君**の方法．**元山君**も⑤と同様の設定．3 人は P が平面 OAB 上にあることを $\overrightarrow{OP}=\alpha\overrightarrow{OA}+\beta\overrightarrow{OB}$ と捉えました．

ベクトル・解説編

延廣君「誘導に乗れませんでした＼　そうやって大切なものを見過ごしていくんだろうなぁ」(180分)——誘導ではありません．ごめんなさい．

ベクトル・解説編

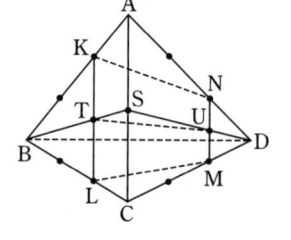

1・14 1辺の長さが1の正四面体 ABCD がある．辺 AB, BC, CD, DA 上にそれぞれ，点 K, L, M, N を AK：KB＝1：2, BL：LC＝2：1, CM：MD＝2：1, DN：NA＝1：2 を満たすようにとる．

（1） $\vec{KL}+\boxed{}\vec{KN}=\boxed{}\vec{KM}$

（2） 四角形 KLMN の面積は $\boxed{}$ である．

（3） 辺 AC 上に点 P をとるとき，底面を KLMN とし，頂点を P とする四角錐の体積は $\boxed{}$ である．

*   *

[解説]（2） KLMN は等脚台形です．

（3） P＝A として A からの垂線の長さを求めるのがオーソドックスですが，対称性に注意して，P を AC の中点 S にとり，平面 SBD で切った切り口を考えると….

解（1） BK：KA＝2：1，BL：LC＝2：1 より，

$$\vec{KL}=\frac{2}{3}\vec{AC} \quad \cdots\cdots① $$

DN：NA＝1：2,
DM：MC＝1：2 より，

$$\vec{NM}=\frac{1}{3}\vec{AC} \quad \cdots\cdots②$$

よって $\vec{KL}=2\vec{NM}$ だから，

$\vec{KL}=2(\vec{KM}-\vec{KN})$ ∴ $\vec{KL}+2\vec{KN}=2\vec{KM}$

（2） △AKN≡△CLM より KN＝LM で，余弦定理より，$KN^2=\left(\frac{1}{3}\right)^2+\left(\frac{2}{3}\right)^2-2\cdot\frac{1}{3}\cdot\frac{2}{3}\cdot\cos 60°=\frac{1}{3}$

①②とから，KLMN は右図の
ような等脚台形．右図で $a=\dfrac{1}{6}$
だから，
$$h=\sqrt{\dfrac{1}{3}-\left(\dfrac{1}{6}\right)^2}=\dfrac{\sqrt{11}}{6}$$
よって，△KLMN
$$=\dfrac{1}{2}\cdot\left(\dfrac{1}{3}+\dfrac{2}{3}\right)\cdot\dfrac{\sqrt{11}}{6}=\dfrac{\sqrt{11}}{12}$$

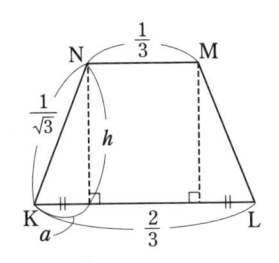

(3) AC は平面 KLMN（α とおく）と平行だから，P をどこにとっても，α からの高さは同じ．よって AC の中点を S として，P=S の場合を考える．平面 SBD（β とおく）に関する対称性から，KL の中点 T と NM の中点 U は β 上にあり，$\alpha\perp\beta$ だから，S から TU に下ろした垂線の長さ x が，△KLMN を底面と見たときの四角錐の高さ．TU は(2)の h で，
$$ST=\dfrac{1}{3}SB=\dfrac{1}{3}\cdot\dfrac{\sqrt{3}}{2}=\dfrac{1}{2\sqrt{3}}$$
$$SU=\dfrac{2}{3}SD=\dfrac{2}{3}\cdot\dfrac{\sqrt{3}}{2}=\dfrac{1}{\sqrt{3}}$$

よって右図のようになり，
$$x^2=\dfrac{1}{12}-y^2=\dfrac{1}{3}-\left(\dfrac{\sqrt{11}}{6}-y\right)^2 \text{より } y=\dfrac{1}{6\sqrt{11}}$$
$x=\dfrac{2\sqrt{2}}{3\sqrt{11}}$ で，答えは $\dfrac{1}{3}\cdot\dfrac{\sqrt{11}}{12}\cdot\dfrac{2\sqrt{2}}{3\sqrt{11}}=\dfrac{\sqrt{2}}{54}$

ベクトル・解説編

≪**ヒビモニの解答**≫ （1） **山本君**は解と同様．7人はAを始点にしたベクトルを考えました．それでも十分．
（2） 4人が解方式．2人ケアレスミス，正解6人．
（3） 1人 give up，3人は高さを間違え，正解4人．
解は**菊田君**の方法，**元山君**と**山本君**も△STUに着目．
龍野君はP＝AとしてAから平面KMNへ下ろした垂線の足Hについて $\overrightarrow{AH}=k\overrightarrow{AK}+l\overrightarrow{AM}+(1-k-l)\overrightarrow{AN}$ とおき，$\overrightarrow{AH}\cdot\overrightarrow{KL}=0$，$\overrightarrow{AH}\cdot\overrightarrow{KN}=0$ から k, l を得ました．
菊田君「計算ミスという沼からの生還を果たせました」
龍野君「仏の顔じゃないけど，計算ミスは2回くらい不問にして欲しいです．」（82分）

ベクトル・解説編

1・15 各点の座標が (x, y, z) で表される空間で、ある立方体の3頂点が $A(2, 2, 3)$, $B(2, 0, 1)$, $C(6, 0, 1)$ であるとする.
（1） この立方体の体積を求めよ.
（2） この立方体の頂点 X で、$\angle BXC = 60°$ となるものすべてについてそれらの座標を求めよ.

[解説]（1） AB, AC, BC の長さを求めると、立方体の一辺の長さがわかります.
（2） AX, BX, CX の長さについて立式すれば OK.

解 （1） $AB = 2\sqrt{2}$, $AC = 2\sqrt{6}$, $BC = 4$ より、
$AC = \sqrt{3} AB$, $BC = \sqrt{2} AB$
よって AB が立方体の一辺となる. 体積は $(2\sqrt{2})^3 = \mathbf{16\sqrt{2}}$
（2） 求める点は図の X_1 と X_2 だから、$AX = 2\sqrt{2}$, $BX = CX = 4$ を満たす. よって $X(x, y, z)$ とおくと、

$$(x-2)^2 + (y-2)^2 + (z-3)^2 = 8 \quad \cdots\cdots ①$$
$$\underline{(x-2)^2 + y^2 + (z-1)^2}_{②} = \underline{(x-6)^2 + y^2 + (z-1)^2 = 16}_{③}$$

②＝③ より、$x = 4$
これを①に代入して、$(y-2)^2 + (z-3)^2 = 4 \cdots\cdots ④$
$x = 4$ を ③＝16 に代入して、$y^2 + (z-1)^2 = 12 \cdots\cdots ⑤$
⑤－④ より、$4y + 4z = 20$ ∴ $z = 5 - y$
⑤に代入して $y^2 + (4-y)^2 = 12$ ∴ $y^2 - 4y + 2 = 0$

∴ $y = 2 \pm \sqrt{2}$ ∴ $z = 3 \mp \sqrt{2}$

答えは $(4, \ 2 \pm \sqrt{2}, \ 3 \mp \sqrt{2})$（複号同順）

別解 $X_1 X_2$ の中点を M とおく. $\overrightarrow{MX_1}, \overrightarrow{MX_2}$ は,

$\overrightarrow{AB} = \begin{pmatrix} 0 \\ -2 \\ -2 \end{pmatrix}$ と $\overrightarrow{BC} = \begin{pmatrix} 4 \\ 0 \\ 0 \end{pmatrix}$ に

垂直だから $s\begin{pmatrix} 0 \\ 1 \\ -1 \end{pmatrix}$ と表せ,

$MX_1 = MX_2 = 2$ より
$s = \pm\sqrt{2}$ となる. これと

$\overrightarrow{OM} = \overrightarrow{OA} + \dfrac{1}{2}\overrightarrow{BC}$ より, 答えは $\begin{pmatrix} 4 \\ 2 \\ 3 \end{pmatrix} \pm \sqrt{2} \begin{pmatrix} 0 \\ 1 \\ -1 \end{pmatrix}$

≪**ヒビモニの解答**≫ （1） 1人 give up, 1人誤答.
（2） さらに1人 give up. 正解6人. 解方式はゼロ,
各自工夫していました. 別解は**菊田君**と**山本君**の方法.

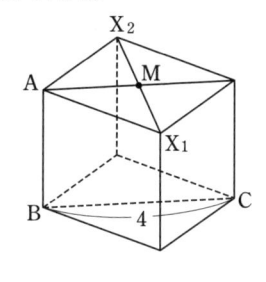

ベクトル・解説編

1・16 空間内に4点O, A, B, Cがあり, OA=OB=$\sqrt{5}$, OC=1である. また, $\vec{a}=\overrightarrow{OA}$, $\vec{b}=\overrightarrow{OB}$, $\vec{c}=\overrightarrow{OC}$ とおくと, $\vec{a}\cdot\vec{b}=4$, $\vec{b}\cdot\vec{c}=1$ が成り立っている. 2点A, Cから直線OBにそれぞれ垂線を下ろし, 直線OBとの交点をD, Eとする.

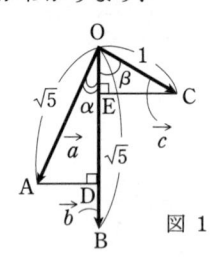

(1) $\overrightarrow{DA}$, $\overrightarrow{EC}$ を $\vec{a}$, $\vec{b}$, $\vec{c}$ を用いて表せ.

(2) 内積 $\vec{a}\cdot\vec{c}$ のとりうる値の範囲を求めよ.

(3) 4点O, A, B, Cが同一平面上にない場合, 四面体OABCの体積が最大になるときの $\vec{a}\cdot\vec{c}$ の値と体積の最大値を求めよ.

*   *

[**解説**] (2)(3) △OABを固定して, △OBCをOBを軸に回転させると, どんなときに, (2)で∠AOCが最大・最小か, (3)で高さが最大かがわかります.

解 (1) $\overrightarrow{OD}$ は, $\vec{a}$ の $\vec{b}$ 上への正射影ベクトルだから,

$$\overrightarrow{OD}=\frac{\vec{a}\cdot\vec{b}}{|\vec{b}|^2}\vec{b}=\frac{4}{5}\vec{b}$$

∴ $\overrightarrow{DA}=\vec{a}-\dfrac{4}{5}\vec{b}$

同様に, $\overrightarrow{OE}=\dfrac{\vec{c}\cdot\vec{b}}{|\vec{b}|^2}\vec{b}=\dfrac{1}{5}\vec{b}$

∴ $\overrightarrow{EC}=\vec{c}-\dfrac{1}{5}\vec{b}$

図 1

（2） $\angle AOB=\alpha$, $\angle BOC=\beta$, $\angle AOC=\theta$ とおくと，θ の範囲は $\beta-\alpha \leq \theta \leq \beta+\alpha$

（等号は O, A, B, C が同一平面上にあるときで，左側の等号は図2，右側の等号は図1）

図2

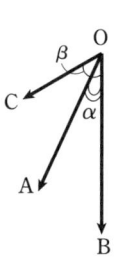

よって，

$\cos(\beta+\alpha) \leq \cos\theta \leq \cos(\beta-\alpha)$ であり，

$\cos\alpha = \dfrac{\vec{a}\cdot\vec{b}}{|\vec{a}||\vec{b}|} = \dfrac{4}{5}$ $\therefore$ $\sin\alpha = \dfrac{3}{5}$

$\cos\beta = \dfrac{\vec{b}\cdot\vec{c}}{|\vec{b}||\vec{c}|} = \dfrac{1}{\sqrt{5}}$ $\therefore$ $\sin\beta = \dfrac{2}{\sqrt{5}}$

だから，$\dfrac{1}{\sqrt{5}}\cdot\dfrac{4}{5} - \dfrac{2}{\sqrt{5}}\cdot\dfrac{3}{5} \leq \cos\theta \leq \dfrac{1}{\sqrt{5}}\cdot\dfrac{4}{5} + \dfrac{2}{\sqrt{5}}\cdot\dfrac{3}{5}$

したがって，$-\dfrac{2}{5\sqrt{5}} \leq \cos\theta \leq \dfrac{10}{5\sqrt{5}}$

$\vec{a}\cdot\vec{c} = |\vec{a}||\vec{c}|\cos\theta = \sqrt{5}\cos\theta$ より $\boldsymbol{-\dfrac{2}{5} \leq \vec{a}\cdot\vec{c} \leq 2}$

（3） $\triangle OAB$ を底面と見ると，高さが最大になるのは $CE \perp$ 平面 OAB のときで，このとき，$\overrightarrow{EC}\cdot\vec{a}=0$ より

$\left(\vec{c} - \dfrac{1}{5}\vec{b}\right)\cdot\vec{a} = 0$ $\therefore$ $\boldsymbol{\vec{a}\cdot\vec{c} = \dfrac{1}{5}\vec{a}\cdot\vec{b} = \dfrac{4}{5}}$

$\triangle OAB = \dfrac{1}{2}OA\cdot OB\cdot\sin\alpha = \dfrac{3}{2}$, $CE = OC\cdot\sin\beta = \dfrac{2}{\sqrt{5}}$

より，**体積の最大値は** $\dfrac{1}{3}\cdot\triangle OAB\cdot CE = \boldsymbol{\dfrac{1}{\sqrt{5}}}$

ベクトル・解説編

別解 （2） $-|\overrightarrow{DA}||\overrightarrow{EC}| \leq \overrightarrow{DA}\cdot\overrightarrow{EC} \leq |\overrightarrow{DA}||\overrightarrow{EC}|$ …①

であり，$\overrightarrow{DA}\cdot\overrightarrow{EC} = \left(\vec{a}-\dfrac{4}{5}\vec{b}\right)\cdot\left(\vec{c}-\dfrac{1}{5}\vec{b}\right)$

$= \vec{a}\cdot\vec{c} - \dfrac{1}{5}\cdot 4 - \dfrac{4}{5}\cdot 1 + \dfrac{4}{25}\cdot 5 = \vec{a}\cdot\vec{c} - \dfrac{4}{5}$ ………②

$|\overrightarrow{DA}|^2 = \left|\vec{a}-\dfrac{4}{5}\vec{b}\right|^2 = 5 - \dfrac{8}{5}\cdot 4 + \dfrac{16}{25}\cdot 5 = \dfrac{9}{5}$

$|\overrightarrow{EC}|^2 = \left|\vec{c}-\dfrac{1}{5}\vec{b}\right|^2 = 1 - \dfrac{2}{5}\cdot 1 + \dfrac{1}{25}\cdot 5 = \dfrac{4}{5}$

より，$|\overrightarrow{DA}| = \dfrac{3}{\sqrt{5}}$，$|\overrightarrow{EC}| = \dfrac{2}{\sqrt{5}}$ だから，①より

$-\dfrac{6}{5} \leq \vec{a}\cdot\vec{c} - \dfrac{4}{5} \leq \dfrac{6}{5}$　∴　$-\dfrac{2}{5} \leq \vec{a}\cdot\vec{c} \leq 2$

（3）体積が最大になるのは EC⊥DA のときで，

②$=0$ より $\vec{a}\cdot\vec{c} = \dfrac{4}{5}$（以下略）

≪ヒビモニの解答≫（2） 1人 give up，1人誤答，1人は等号を忘れ，正解5人．4人が解方式，別解は**延廣君**の方法．**髙橋君**は座標でOを原点，B$(0,\ 0,\ \sqrt{5})$，A$\left(\dfrac{3}{\sqrt{5}},\ 0,\ \dfrac{4}{\sqrt{5}}\right)$，C$\left(\dfrac{2}{\sqrt{5}}\cos t,\ \dfrac{2}{\sqrt{5}}\sin t,\ \dfrac{1}{\sqrt{5}}\right)$

（3） 1人 give up，1人誤答，2人ミス，正解4人．$\vec{a}\cdot\vec{c}$ は解は**龍野君**の方法．全問完答は**髙橋君**と**龍野君**．

延廣君「"垂直"ってあると，つい正射影ベクトル使いたくなります↑」（40分）

龍野君「"図形的に"という言葉を使うのは，けっこう恐いですね．」（39分）

ベクトル・解説編

1・17 xyz 座標空間に，右図のように一辺の長さ1の立方体 OABC-DEFG がある．この立方体を xy 平面上の直線 $y=-x$ のまわりに，頂点 F が z 軸の正の部分にくるまで回転させる．

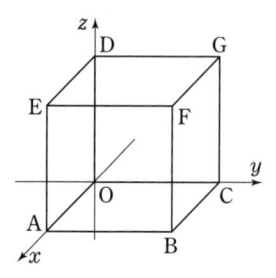

(1) 回転後の頂点 B の座標を求めよ．
(2) 回転後の頂点 A，G で定まるベクトル $\overrightarrow{AG}$ の成分を求めよ．

　　　　　　　＊　　　　　　　＊

[解説] (1) 平面 OBFD による切り口を考えます．
(2) $\overrightarrow{AC}+\overrightarrow{CG}$ と分割すると，(1)が使えます．

解 (1) 回転角を θ とし，F の回転後の位置を F′，などとおく．図2より，

$$\cos\theta=\frac{\text{OD}}{\text{OF}}=\frac{1}{\sqrt{3}}$$

OB′=OB=$\sqrt{2}$ だから，図3において，B′H=OB′$\sin\theta$

$$=\sqrt{2}\cdot\frac{\sqrt{2}}{\sqrt{3}}=\frac{2}{\sqrt{3}}$$

$$\text{OH}=\text{OB}'\cos\theta=\frac{\sqrt{2}}{\sqrt{3}}$$

これと H が xy 平面上の $x=y>0$ にあることから，

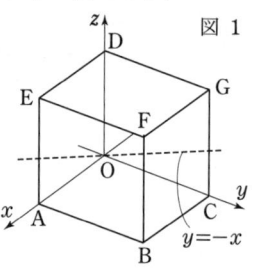

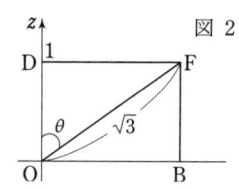

78

$B'\left(\dfrac{1}{\sqrt{3}},\ \dfrac{1}{\sqrt{3}},\ \dfrac{2}{\sqrt{3}}\right)$

図 3

(2) $\overrightarrow{A'G'} = \overrightarrow{A'C'} + \overrightarrow{C'G'}$

$\overrightarrow{AC}$ は回転軸に平行だから，
$\overrightarrow{A'C'} = \overrightarrow{AC}$

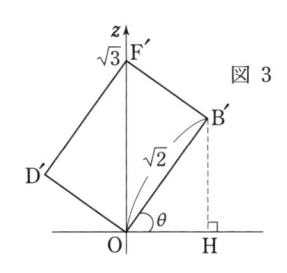

$\overrightarrow{CG} = \overrightarrow{BF}$ より，$\overrightarrow{C'G'} = \overrightarrow{B'F'}$

よって，$\overrightarrow{A'G'} = \overrightarrow{AC} + \overrightarrow{B'F'}$
$= \overrightarrow{AC} + (\overrightarrow{OF'} - \overrightarrow{OB'})$

$= \begin{pmatrix} -1 \\ 1 \\ 0 \end{pmatrix} + \begin{pmatrix} 0 \\ 0 \\ \sqrt{3} \end{pmatrix} - \begin{pmatrix} 1/\sqrt{3} \\ 1/\sqrt{3} \\ 2/\sqrt{3} \end{pmatrix} = \begin{pmatrix} -1-(1/\sqrt{3}) \\ 1-(1/\sqrt{3}) \\ 1/\sqrt{3} \end{pmatrix}$

≪ヒビモニの解答≫ (1) 3人誤り，3人ケアレスミス．正解は**元山君**と**山本君**．解は**菊田君**の方法．**元山君**も同様．3人は座標を取り直して1次変換する力作．
(2) 2人は(1)と同じ誤り，1人誤答，2人は(1)のミスが影響，1人ケアレスミス．正解は**高橋君**と**元山君**．解は**延廣君**の方法，**元山君**も $\overrightarrow{C'G'} = \overrightarrow{B'F'}$ に着目．

山本君「個人的に満足な解法が出来たものの，答案を書くのに時間が…」(50分)

菊田君「(1)での計算ミスからの全滅．2月25日のことを思い出し泣いた」(35分)

座標

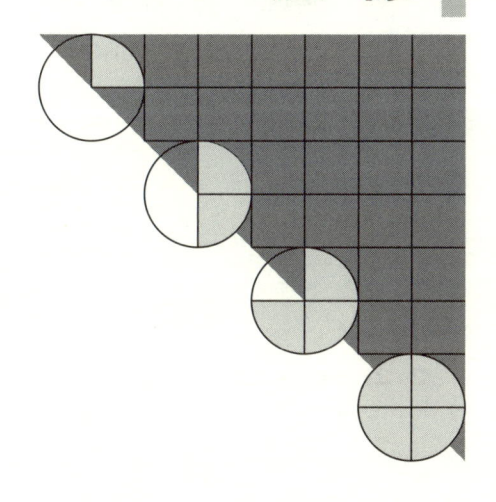

問題編 …………………… 82
要点の整理 ……………… 92
解説編 …………………… 100

座標・問題編

2・1 (1) 直線 l と，l 上にない点 P に対し，直線 l と点 P の距離の定義を述べよ．

(2) xy 平面において，直線 $l : ax+by+c=0$ と点 $P(x_1, y_1)$ との距離 d が $d=\dfrac{|ax_1+by_1+c|}{\sqrt{a^2+b^2}}$ で与えられることを，(1)で述べた定義に基づいて示せ．

(10 上智大・理工)

2・2 $a \neq 0$ または $b \neq 0$ とする．連立不等式
$$\begin{cases} 3x+2y \geq 0 \\ x-2y+8 \geq 0 \\ ax+by-2b \geq 0 \end{cases}$$
の表す領域が三角形になるための a，b の条件を求めよ．また，その条件が表す領域を ab 平面に図示せよ．

(10 信州大(後)・理)

2・3 放物線 $C: y = x^2 - 3x + 3$ 上に,x 座標の値が小さい順に 3 点 P,Q,R を,PQ:QR = 3:4,$\angle PQR = 90°$,直線 QR の傾きが 2 となるようにとる.また,P を通り $\angle QPR$ を 2 等分する直線が再び C と交わる点を T とする.このとき,Q の x 座標の値は $\boxed{\text{ア}}$ であり,直線 PT と C によって囲まれる部分の面積は $\boxed{\text{イ}}$ である.　　　（10　南山大・経営）

2・4 a を 1 より大きい実数とし,座標平面上に,点 $O(0, 0)$,$A(1, 0)$ をとる.曲線 $y = \dfrac{1}{x}$ 上の点 $P\left(p, \dfrac{1}{p}\right)$ と,曲線 $y = \dfrac{a}{x}$ 上の点 $Q\left(q, \dfrac{a}{q}\right)$ が,3 条件
　（ⅰ）$p > 0$,$q > 0$
　（ⅱ）$\angle AOP < \angle AOQ$
　（ⅲ）$\triangle OPQ$ の面積は 3 に等しい
をみたしながら動くとき,$\tan \angle POQ$ の最大値が $\dfrac{3}{4}$ となるような a の値を求めよ.

（10　千葉大・医,理,薬,工）

2・5 $f(x)=x^2-4x$ とし，2つの放物線 $y=-f(x)$, $y=f(x)$ をそれぞれ C_1, C_2 とおく．$0<a<4$ および $0<b<4$ を満たす定数 a, b に対し，A$(a, -f(a))$, B$(b, f(b))$ とし，C_1 と C_2 で囲まれる領域から $\triangle$OAB の内部を除いた部分の面積を S とおく．ただし O は原点とする．

(1) $a=3$, $b=1$ のとき，S の値を求めよ．
(2) $a=2$ のとき，S の最小値とそのときの b の値を求めよ．
(3) S の最小値とそのときの a, b の値を求めよ．

(10　法大・経)

2・6 (1) $y=|x^2-1|$ のグラフを描け．
(2) a, b を実数とする．x についての方程式
$$|x^2-1|-ax-b=0$$
が異なる4つの実数解を持つような点 (a, b) の範囲を図示せよ．
(3) (2)の方程式の解を α, β, γ, δ とするとき，$\delta-\gamma=\gamma-\beta=\beta-\alpha$ が成り立つときの a, b を求めよ．

(10　滋賀医大)

2・7 座標平面上の円 C は x 軸と直線 $y=\sqrt{3}\,x$ の両方に接し,点 $(1+\sqrt{3},\ 1)$ を通るとする.

(1) 円 C の中心の座標を $(a,\ b)$ とするとき,b を a を用いて表わせ.

(2) a と b の値および円 C の半径を求めよ.

(3) (2)で求めた円 C のうちで半径の小さい方の円を C_1 とする.直線 $y=-\sqrt{3}\,x+4$ 上に中心を持つ半径 2 の円 C_2 が円 C_1 と異なる 2 つの共有点を持ち,この 2 つの共有点を結ぶ直線が原点を通るとする.このとき円 C_2 の中心の座標を求めよ.

(10 尾道大(後))

2・8 放物線 $C: y=ax^2+x-b,\ (a\neq 0)$ と直線 $y=x$ が 2 つの異なる交点を持つとする.

(1) 2 つの交点を結ぶ線分を直径とする円の方程式を求めよ.

(2) 放物線 C と(1)で求めた円の交点が 4 つあるための条件を求めよ.

(3) (2)の 4 つの交点 $(x,\ y)$ が $x=py^2+qy+r$ を満たすとき,$p,\ q,\ r$ を求めよ.

(10 名古屋市大(後)・経)

座標・問題編

2・9 原点を中心とする半径2の円をCとする．aを実数とし，点$(a, 4)$から円Cへ2本の接線を引き，その接点をP_1，P_2とする．P_1，P_2を通る直線がaの値にかかわらず定点を通ることを示せ．また，その定点の座標を求めよ． （10　奈良女大・環）

2・10 円$C:(x-2)^2+y^2=2$と直線$l:y=mx$があり，Cとlは異なる2点で交わっている．
(1)　mの値のとりうる範囲を求めよ．
(2)　mが(1)で求めた範囲の値をとるとき，2つの交点によってつくられる弦の中点の軌跡を表す式を求めよ． （10　静岡文化芸術大）

2・11 座標平面上に異なる 2 点 $A(x_1, y_1)$, $B(x_2, y_2)$ をとる．点 A, B からの距離の比が $3:2$ となる点 P の軌跡は，中心が ($\boxed{\text{ア}}$, $\boxed{\text{イ}}$)，半径が $r = \boxed{\text{ウ}} \sqrt{(x_2-x_1)^2 + (y_2-y_1)^2}$ の円である．さらに，線分 AP を $m:n$ に内分する点 Q の軌跡が，点 B を中心とする半径 R の円となるとき，
$\dfrac{m}{n} = \boxed{\text{エ}}$, $\dfrac{R}{r} = \boxed{\text{オ}}$ である．　（10　東京理大・理工）

2・12 xy 平面上の原点 O 以外の点 $P(x, y)$ に対して，点 Q を次の条件を満たす平面上の点とする．
（i）Q は，O を始点とする半直線 OP 上にある．
（ii）線分 OP の長さと線分 OQ の長さの積は 1 である．
（1）P が円 $(x-1)^2 + (y-1)^2 = 2$ 上の原点以外の点を動くときの Q の軌跡を求め，平面上に図示せよ．
（2）P が円 $(x-1)^2 + (y-1)^2 = 4$ 上を動くときの Q の軌跡を求め，平面上に図示せよ．

（10　静岡大（後）・理／一部省略）

2・13 Oを原点とするxy平面において，放物線 $C: y=-(x-a)^2+k^2$ を考える．ただし，kは正の定数とし，aは

$$-k \leq a \leq k \cdots\cdots\cdots\cdots(*)$$

の範囲にある実数とする．そのとき，Cとx軸の交点のうちx座標が大きい方をPとし，Cとy軸の交点をQとする．

(1) aが$(*)$の範囲を動くときの，OP+OQの最大値Mをkを用いて表すと$k \leq \boxed{ア}$の場合は$M=\boxed{イ}$，$k>\boxed{ア}$の場合は$M=\boxed{ウ}$となる．

(2) aが$(*)$の範囲を動くときの，OP×OQの最大値N，および最大値を与えるaの値をそれぞれkを用いて表すと$N=\boxed{エ}$, $a=\boxed{オ}$である．

aが$(*)$の範囲を動くとき，線分PQが通過してできる領域（境界を含む）をDとし，Dの面積をSとおく．

(3) $S=\boxed{カ}$である．

(4) Dに含まれる三角形のうち，面積が最大である三角形の面積をS_0とおくと$\dfrac{S_0}{S}=\boxed{キ}$である．

ただし，点A，Bに対して，ABは線分ABの長さを表し，とくにA=Bのとき，線分ABとは点Aのことであって AB=0 であるものとする．

(10 東京理大・薬)

2・14 座標平面上に円 $C : x^2+y^2-8x+2y+7=0$ と点 A(0, 1) がある．円 C の中心を B，半径を r とする．また点 A を通り，傾き m の直線を l とする．

(1) 点 B の座標と r を求めよ．

(2) 直線 l が円 C と共有点を持つとき，m の取り得る値の範囲を求めよ．

(3) 点 B を通り，傾き 3 の直線と直線 l との交点を P とする．点 P が円 C の円周または内部に含まれるとき，m の取り得る値の範囲を求めよ．

(4) (3) のとき，線分 AP の両端を除いた部分と円 C との共有点を Q とする．AQ の長さの最大値と最小値を求めよ． (10　高知工科大)

2・15 xy 平面上に 2 つの円
$$C_1 : x^2+y^2=16, \quad C_2 : (x-6)^2+y^2=1$$
がある．このとき以下の問いに答えよ．

(1) C_1 と C_2 の両方に接する接線の方程式をすべて求めよ．

(2) 点 P を通る任意の直線が C_1 または C_2 の少なくとも一方と共有点を持つとする．このような点 P の存在する領域を図示せよ．

(10　お茶の水女大・理)

座標・問題編

♣問題の難易と目標時間

難易については，入試問題を 10 段階に分けたとして，
- A(基本)… 5 以下   B(標準)…6, 7
- C(発展)… 8, 9   D(難問)…10

また，目標時間は * 1 つにつき 10 分，♯ は無制限．

1…B**   2…B***   3…B***   4…C***
5…B***   6…C***   7…C****   8…C****
9…C***   10…B***   11…C**** 12…C***
13…C***** 14…C**** 15…C*****

座標・要点の整理

1. 直線

(1) 直線の方程式

1° x 軸に垂直でない直線は, $y=mx+n$

（傾きが m で y 切片が n の直線）

x 軸に垂直な直線は, $x=c$

2° $ax+by+c=0$（ただし $(a, b) \neq (0, 0)$）

(2) 直線の法線ベクトル

直線に垂直なベクトルを直線の法線ベクトルと言う.

直線 $ax+by+c=0$ の法線ベクトル（の1つ）は $\begin{pmatrix} a \\ b \end{pmatrix}$

[x と y の係数がつくるベクトル] である. このことは傾きを考えることで確認できる.

(3) 平行条件, 垂直条件

1° 傾きが m_1, m_2 である2直線 l_1, l_2 について,

$l_1 /\!/ l_2 \iff m_1 = m_2$, $\quad l_1 \perp l_2 \iff m_1 m_2 = -1$

2° 2直線 $l_1 : a_1 x + b_1 y + c_1 = 0$,

$\quad\quad l_2 : a_2 x + b_2 y + c_2 = 0$ について,

$$\boldsymbol{l_1 /\!/ l_2} \iff \begin{pmatrix} a_1 \\ b_1 \end{pmatrix} /\!/ \begin{pmatrix} a_2 \\ b_2 \end{pmatrix} \iff \boldsymbol{a_1 b_2 - a_2 b_1 = 0}$$

$$\boldsymbol{l_1 \perp l_2} \iff \begin{pmatrix} a_1 \\ b_1 \end{pmatrix} \perp \begin{pmatrix} a_2 \\ b_2 \end{pmatrix} \iff \boldsymbol{a_1 a_2 + b_1 b_2 = 0}$$

(4) **直線のパラメータ表示**

点 $X_0(x_0, y_0)$ を通り，$\vec{l} = \begin{pmatrix} a \\ b \end{pmatrix}$ ($\neq \vec{0}$) に平行な直線 l 上の点を X とすると，$\overrightarrow{X_0X} = t\vec{l}$ とおけ，
$$\overrightarrow{OX} = \overrightarrow{OX_0} + \overrightarrow{X_0X} = \overrightarrow{OX_0} + t\vec{l}$$
と表せるので，
$$l : \begin{pmatrix} x \\ y \end{pmatrix} = \begin{pmatrix} x_0 \\ y_0 \end{pmatrix} + t \begin{pmatrix} a \\ b \end{pmatrix} \quad (t \text{ はパラメータ})$$

(5) **点と直線の距離**

点 (x_0, y_0) と直線 $ax + by + c = 0$ との距離は，
$$\frac{|ax_0 + by_0 + c|}{\sqrt{a^2 + b^2}}$$

[略証．(4)の l の式を $ax + by + c = 0$ に代入して，$t = -\dfrac{ax_0 + by_0 + c}{a^2 + b^2}$．求める距離は，$|\overrightarrow{X_0X}| = |t\vec{l}|$ であることから導かれる．]

座標・要点の整理

2. 円
(1) 円の方程式
点 (a, b) を中心とする半径 r の円の方程式は，
$$(x-a)^2+(y-b)^2=r^2$$

(2) 円と直線の位置関係
中心A，半径 r の円 C と，直線 l について，A と l との距離を d とすると，

1° C と l が2点で交わる
$\iff d<r$

2° C と l が接する
$\iff d=r$

3° C と l が離れている
$\iff d>r$

なお，1°において，l が C によって切り取られる弦の長さは，$2\sqrt{r^2-d^2}$

(3) 円の接線
1° 点 $A(a, b)$ を中心とし，半径 r の円
$$C:(x-a)^2+(y-b)^2=r^2$$
上の点 $P(x_0, y_0)$ における接線は，P を通り $\overrightarrow{AP}$ に垂直であるから，その方程式は，
$$(x_0-a)(x-x_0)+(y_0-b)(y-y_0)=0 \quad \cdots ①$$
P は円 C 上にあるから，
$$(x_0-a)^2+(y_0-b)^2=r^2 \quad \cdots\cdots\cdots ②$$
①+② により，**接線の式**は，次のように表せる．
$$\boldsymbol{(x_0-a)(x-a)+(y_0-b)(y-b)=r^2}$$

2° 円 C 上にない点 (p, q) を通る接線 l を求めるに

94

は，l の方程式を $y=m(x-p)+q$ または $x=p$ とおいて，

(イ) （A と l との距離）＝半径 r （（2）の 2°）

(ロ) $y=m(x-p)+q$ を C の方程式に代入して，x の重解条件

のいずれかを用いて求めることができる．接点を設定して 1° を用いる方法もある．

（4） 2 円の位置関係

O_1 を中心とする半径 r_1 の円 C_1 と，O_2 を中心とする半径 r_2 の円 C_2 との関係は，$O_1O_2=d$ として，

1° 2 円が互いに他の外側にある $\iff d>r_1+r_2$

2° 2 円が外接する $\iff d=r_1+r_2$

3° 2 円が内接する $\iff d=|r_1-r_2|$

4° 一方が他方の内側にある $\iff d<|r_1-r_2|$

であり，以上の否定として，

5° **2 円が 2 点で交わる** $\iff |r_1-r_2|<d<r_1+r_2$

3. 軌跡
（1） 自然流と逆手流
　例えば，t が $0 \leq t \leq 1$ を動くときの，2直線
$$y = 2x + t \cdots\cdots ①, \quad y = x + 2t \cdots\cdots ②$$
の交点の軌跡を求めてみよう．

[**自然流**]　①，②の交点を求めると，$(t, 3t)$

　よって，求める軌跡は，**線分 $y = 3x$ $(0 \leq x \leq 1)$** ∎

　上の例では，交点の座標をパラメータ t で表したものから，軌跡が直接線分であることが読みとれる．しかし，このように読みとれない，つまり交点の座標が単純な形でない場合は，交点 (x, y) の満たす関係式を t を消去することで求めることになる．t を消去するなら，x, y を t で表した式を経由する必要はない．そこで，

[**逆手流**]　点 (x, y) が求める軌跡上の点であるための条件は，①かつ②を満たす t $(0 \leq t \leq 1)$ が存在することである．

　①により，$t = y - 2x$ であるから，これが②かつ $0 \leq t \leq 1$ を満たすための条件を求めればよく，それは
$$y = x + 2(y - 2x) \text{ かつ } 0 \leq y - 2x \leq 1$$
$$\iff \boldsymbol{y = 3x \text{ かつ } 0 \leq x \leq 1}\ ∎$$

（2） 図形の平行移動
　曲線 $C: y = f(x)$ を x 軸の正方向に a，y 軸の正方向に b 平行移動させて得られる曲線 D の方程式は，
$$\boldsymbol{y - b = f(x - a)}$$

解説．この移動で C 上の点 (x, y) が D 上の点 (X, Y) に移るとすると，$x + a = X$，$y + b = Y$．よって，点 (X, Y) が D 上にある条件は $(x, y) = (X - a, Y - b)$

が C 上にあることであるから，$Y-b=f(X-a)$ ∎

同様に，曲線 $f(x, y)=0$ を上のように平行移動して得られる曲線は，$f(x-a, y-b)=0$ である．

4. 領域と最大・最小

点 (x, y) がある領域 D 内（曲線上のときもある）を動くときの 2 変数関数 $f(x, y)$ の値域を求めよ，という問題を考えよう．

ある値 k が求める値域に入っているための条件は，

D 上の点 (x, y) で $f(x, y)=k$ ……Ⓐ を満たすものが存在すること

であり，これはさらに，

　Ⓐで表される曲線が，D と共有点をもつこと

と言い換えられる．よって，Ⓐで表される曲線が D と共有点を持つような k の値の範囲が求める値域である．

例えば，$x^2+y^2 \leq 1$ ……① のとき，$2x+y$ の取り得る値の範囲を求めてみよう．

$$2x+y=k \quad \cdots\cdots ②$$

とおくと，k の範囲は，xy 平面上において，直線②と円板①とが共有点を持つための条件から得られる．その条件は，円の中心と直線②との距離が半径 1 以下であるから，

$$\frac{|k|}{\sqrt{2^2+1^2}} \leq 1 \quad \therefore \quad -\sqrt{5} \leq k \leq \sqrt{5}$$

5. 正領域・負領域

曲線（直線を含む）$f(x, y)=0$ が座標平面を2つの領域に分けるとき，その2つの領域は，

$f(x, y)>0$ と $f(x, y)<0$

で表される．たとえば，$f(0, 0)>0$ ならば，$f(x, y)>0$ は原点Oを含むほうの領域である．

例．直線 $l: ax+by+c=0$ に関して，2点

A(x_1, y_1), B(x_2, y_2) が反対側にある条件は，$f(x, y)=ax+by+c$ とおくと，

$$f(x_1, y_1) \cdot f(x_2, y_2) < 0$$

6. 束（2曲線の交点を通る曲線）

2曲線 $f(x, y)=0$, $g(x, y)=0$ が交わるとき，

曲線 $mf(x, y)+ng(x, y)=0$

（m, n は実数で，$(m, n) \neq (0, 0)$）は，2曲線のすべての交点を通る曲線である．

例．円 $C: x^2+y^2+ax+by+c=0$ ……………①

と，円 $D: x^2+y^2+dx+ey+f=0$ ……………②

が2点P，Qで交わるとき，

$m(x^2+y^2+ax+by+c)+n(x^2+y^2+dx+ey+f)=0$

は，P，Qを通る円または直線を表す．

特に $m=1$, $n=-1$ のときは，P，Qを通る直線を表すが，要するに

2円の交点を通る直線は，①-② から得られる．

座標・解説編

解答の☆, ★については☞p.3

2·1 (1) 直線 l と, l 上にない点 P に対し, 直線 l と点 P の距離の定義を述べよ.

(2) xy 平面において, 直線 $l: ax+by+c=0$ と点 $P(x_1, y_1)$ との距離 d が $d=\dfrac{|ax_1+by_1+c|}{\sqrt{a^2+b^2}}$ で与えられることを, (1)で述べた定義に基づいて示せ.

* *

[解説] (2)の証明は経験済みのはず. 次のようにベクトルで攻めるのがラク.

解 (1) l と P の距離とは, P から l に下ろした垂線の足を H とするとき, 線分 PH の長さ (☞別解).

(2) $l: ax+by+c=0$ の法線ベクトルの1つは $\begin{pmatrix}a\\b\end{pmatrix}$ で,

$$\overrightarrow{PH}=t\begin{pmatrix}a\\b\end{pmatrix} \quad (t \text{ は実数})$$

と表せる. よって,

$$\overrightarrow{OH}=\overrightarrow{OP}+\overrightarrow{PH}=\begin{pmatrix}x_1\\y_1\end{pmatrix}+t\begin{pmatrix}a\\b\end{pmatrix}=\begin{pmatrix}x_1+ta\\y_1+tb\end{pmatrix}$$

$H(x_1+ta, y_1+tb)$ は l 上の点であるから,

$$a(x_1+ta)+b(y_1+tb)+c=0 \quad \therefore \quad t=-\dfrac{ax_1+by_1+c}{a^2+b^2}$$

$d=|\overrightarrow{PH}|$ であるから,

$$d = \left| t \begin{pmatrix} a \\ b \end{pmatrix} \right| = |t|\sqrt{a^2+b^2} = \frac{|ax_1+by_1+c|}{\sqrt{a^2+b^2}}$$

別解 (1) l と P の距離とは，**Q を l 上の任意の点とするとき，線分 PQ の長さの最小値**.

(2)☆ P から l に下ろした垂線の足を H とする．
$\vec{n} = \dfrac{1}{\mathrm{PH}}\overrightarrow{\mathrm{PH}}$ (l に垂直な単位ベクトル) とおくと，
$$|\overrightarrow{\mathrm{PQ}}| = |\overrightarrow{\mathrm{PQ}}||\vec{n}|$$
$$\geq |\overrightarrow{\mathrm{PQ}} \cdot \vec{n}|$$
$$= |\mathrm{PQ}\cos\angle\mathrm{QPH}| = \mathrm{PH} = (\text{一定})$$

(等号成立は $\overrightarrow{\mathrm{PH}} /\!/ \vec{n}$ のとき) であるから，$d = \mathrm{PH}$．

▷**注** 大学では「(境界を含む) 図形と点の距離」も **別解** のように定義します．2010 年の慶應理工 A3 はこの "距離" をテーマにした問題です．

≪**モニターの解答**≫ (1) 正答 7 人，全員，**解**．

(2) **解** 5 人 (全員正答)，H の座標を求めたのは 3 人 (2 人は PH の方程式を $y = \dfrac{b}{a}x + \cdots$ として $a = 0$ の場合を考えず，正答は 1 人)．

座標・解説編

2・2 $a \neq 0$ または $b \neq 0$ とする．連立不等式
$$\begin{cases} 3x+2y \geq 0 \\ x-2y+8 \geq 0 \\ ax+by-2b \geq 0 \end{cases}$$
の表す領域が三角形になるための a, b の条件を求めよ．また，その条件が表す領域を ab 平面に図示せよ．

*   *

[解説] $ax+by-2b=0$ が $(0, 2)$ を通ることから，視覚的に処理できます．

解 $l:3x+2y=0$,
$m:x-2y+8=0$,
$n:ax+by-2b=0$ とする．

$3x+2y \geq 0$, $x-2y+8 \geq 0$ の表す領域は右図の網目部（境界も含む）．さらに

$ax+by-2b \geq 0$ ……① も満たす領域を考える．

(i) $b=0$ のとき，$a \neq 0$ より，n は y 軸で，l, m と交点を持つ．よって，求める条件は l と m の交点 $(-2, 3)$ が①を満たすこと．$-2a \geq 0$ より $a<0$

(ii) $b>0$ のとき，① $\iff y \geq -\dfrac{a}{b}x+2$

これは n の上側の領域（図あの $\Longleftarrow$ 側．境界も含む）を表すので，求める条件は

$$-\frac{a}{b} > (m \text{ の傾き}) = \frac{1}{2} \quad \therefore \quad b < -2a$$

102

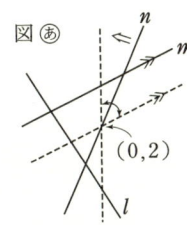

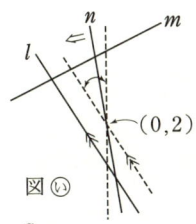

図あ

図い

(iii) $b<0$ のとき，① $\iff y \leqq -\dfrac{a}{b}x+2$

これは n の下側の領域（図いの $\Longleftarrow$ 側．境界も含む）
を表すので，求める条件は

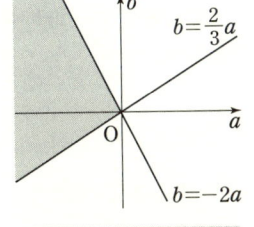

$$-\dfrac{a}{b} < (l\text{の傾き}) = -\dfrac{3}{2}$$

$\therefore\ \dfrac{a}{b} > \dfrac{3}{2}$ $\therefore\ \dfrac{2}{3}a < b$

以上を ab 平面に図示すると，
右図網目部（境界は含まない）．

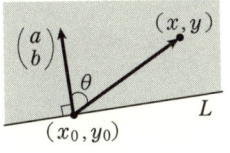

⇨ 注 $ax+by+c>0$ の表す
領域は，$L:ax+by+c=0$
の法線ベクトル $\begin{pmatrix}a\\b\end{pmatrix}$ の "矢
印の指し示す側"（右図網目
部．境界は含まない）になります．実際，(x, y) が
網目部にある点だとすると，図で，

$\cos\theta > 0 \iff$
$\begin{pmatrix}a\\b\end{pmatrix} \cdot \begin{pmatrix}x-x_0\\y-y_0\end{pmatrix} > 0 \iff a(x-x_0)+b(y-y_0)>0$

$ax_0+by_0+c=0$ より（左辺）$=ax+by+c$ となるから

です．この事実を用いたのが次の**別解**です．

別解 $n: ax+b(y-2)=0$ は点 $(0, 2)$ を必ず通る．n の法線ベクトル $\begin{pmatrix} a \\ b \end{pmatrix}$ の始点を $(0, 2)$ にすると，題意を満たすのは（注より）終点が右図の網目部（境界は含まない）にあるとき（以下省略）．

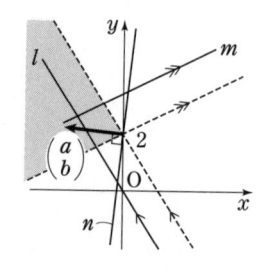

≪**モニターの解答**≫ **解**方式は4人（ケアレスミス1人，正答3人），**別解**は**菊田君**（正答），条件を「l と n，m と n の交点の x 座標がともに -2 より大きく，点 $(-2, 3)$ が①を満たす」と捉えたのが3人（余計な条件を加えて間違い1人，ケアレスミス1人，正答1人）．

2・3 放物線 $C: y=x^2-3x+3$ 上に，x 座標の値が小さい順に 3 点 P，Q，R を，PQ:QR=3:4，∠PQR=90°，直線 QR の傾きが 2 となるようにとる．また，P を通り ∠QPR を 2 等分する直線が再び C と交わる点を T とする．このとき，Q の x 座標の値は ア であり，直線 PT と C によって囲まれる部分の面積は イ である．

*   *

[解説] 数式でごり押しするのではなく，図形的な考察も交えたいところ．(ア)は三角形の相似，(イ)は角の 2 等分線の定理を活かしましょう．

解　(ア) P，Q，R の x 座標をそれぞれ p, q, r とする．QR の傾きは

$$\frac{(q^2-3q+3)-(r^2-3r+3)}{q-r}$$
$$=\frac{(q^2-r^2)-3(q-r)}{q-r}$$
$$=q+r-3$$

QR の傾きが 2 であるから，$q+r=5$ ……………①
同様に PQ の傾きは $p+q-3$ で，∠PQR=90° より PQ の傾きは $-\dfrac{1}{2}$ であるから，$p+q=\dfrac{5}{2}$ ……………②

図のように点 H，I を定めると △QPH∽△RQI で，PQ:QR=3:4 より QH:RI=3:4．一方，QR の傾きが 2 であるから，QI:RI=1:2．よって，

　　QH:QI=3:2　∴　$(q-p):(r-q)=3:2$
　　∴　$3(r-q)=2(q-p)$　∴　$2p-5q+3r=0$

これと、①、②を用いて、p, r を消去すると、
$$(5-2q)-5q+3(5-q)=0 \quad \therefore \quad q=\mathbf{2}$$

(イ) PQ:QR:RP=3:4:5 で、PT は∠QPR の2等分線であるから、図で QS:SR=3:5. いま、②、① より $p=\dfrac{1}{2}$, $r=3$ で、$P\left(\dfrac{1}{2}, \dfrac{7}{4}\right)$, $Q(2, 1)$, $R(3, 3)$

よって、$\overrightarrow{OS}=\dfrac{5}{8}\overrightarrow{OQ}+\dfrac{3}{8}\overrightarrow{OR}=\left(\dfrac{19}{8}, \dfrac{7}{4}\right)$ であり、PT は x 軸に平行である.

PT と C の交点の x 座標は $x^2-3x+\cdots=0$ の解. T の x 座標を t とおくと、$\dfrac{1}{2}+t=3$ で、$t=\dfrac{5}{2}$. よって、PT と C によって囲まれる部分の面積は

$$\int_{\frac{1}{2}}^{\frac{5}{2}}\left\{-\left(x-\dfrac{1}{2}\right)\left(x-\dfrac{5}{2}\right)\right\}dx=\dfrac{1}{6}\left(\dfrac{5-1}{2}\right)^3=\mathbf{\dfrac{4}{3}}$$

⇨注 (ア) $\overrightarrow{QR}=4t(1, 2)$, $\overrightarrow{QP}=3t(-2, 1)$ とおけるので、$R(q+4t, q^2-3q+3+8t)$, $P(q-6t, q^2-3q+3+3t)$ と表せます. この2点が C 上にあることからも q, t が求まります.

≪モニターの解答≫ (ア) 全員正答. **解**方式は2人 (**元山君**, **山本君**), 注方式は2人, PQ, QR の長さを (2点間の距離の公式から) 求めたのは4人.
(イ) 2等分する角を間違う1人、ケアレスミス1人、正答6人. 角の2等分線の定理を用いたのは7人.
神林君:座標は発想力などが不足している人の味方になってくれるはずです. (50分)
延廣君:シンプルな問題だけに、遠回りした感が否めない…(50分)

座標・解説編

2・4 a を1より大きい実数とし,座標平面上に,点 O$(0, 0)$,A$(1, 0)$ をとる.曲線 $y=\dfrac{1}{x}$ 上の点 P$\left(p, \dfrac{1}{p}\right)$ と,曲線 $y=\dfrac{a}{x}$ 上の点 Q$\left(q, \dfrac{a}{q}\right)$ が,3条件

 (i) $p>0$, $q>0$
 (ii) $\angle\text{AOP}<\angle\text{AOQ}$
 (iii) $\triangle\text{OPQ}$ の面積は3に等しい

をみたしながら動くとき,$\tan\angle\text{POQ}$ の最大値が $\dfrac{3}{4}$ となるような a の値を求めよ.

*   *

[**解説**] $\tan$ の最大値を考えるので,$\angle\text{POQ}$ を式で捉えるのに直線の傾き($\tan$)を使うことには辿り着き易いでしょう.あとは,(iii)の条件をどう使うかです.

解 $\angle\text{AOP}=\alpha$,$\angle\text{AOQ}=\beta$ とおく.$a>1$,(i),(ii)より右図のようになる.

$\angle\text{AOP}=\alpha$,$\angle\text{AOQ}=\beta$ とおくと,

$$\tan\alpha=\dfrac{1}{p^2},\quad \tan\beta=\dfrac{a}{q^2}$$

であるから,

$$\tan\angle\text{POQ}=\tan(\beta-\alpha)$$

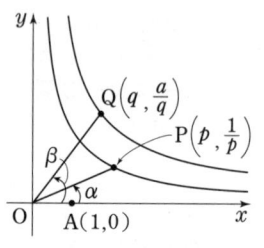

$$=\dfrac{\tan\beta-\tan\alpha}{1+\tan\beta\tan\alpha}=\dfrac{\dfrac{a}{q^2}-\dfrac{1}{p^2}}{1+\dfrac{a}{q^2}\cdot\dfrac{1}{p^2}}=\dfrac{ap^2-q^2}{p^2q^2+a} \quad\cdots\cdots\text{①}$$

108

ところで，(ⅲ)より

$$\frac{1}{2}\left|p\cdot\frac{a}{q}-q\cdot\frac{1}{p}\right|=3 \quad \therefore \quad |ap^2-q^2|=6pq \cdots\cdots ②$$

いま，$\tan\angle\mathrm{POQ}=① \geqq 0$ であるから，$ap^2-q^2 \geqq 0$
よって，②は $ap^2-q^2=6pq$ ……③ で，

$$① = \frac{6pq}{p^2q^2+a} = \frac{6}{pq+\frac{a}{pq}} \leqq \frac{6}{2\sqrt{pq\cdot\frac{a}{pq}}} = \frac{3}{\sqrt{a}}$$

(ここで (相加平均) ≧ (相乗平均) を用いた．等号は $pq=\dfrac{a}{pq}$ 即ち $pq=\sqrt{a}$ ……④ のとき成り立つ).

$\dfrac{3}{\sqrt{a}}=\dfrac{3}{4}$ となることがあれば $a=16$．このとき，③は $16p^2-q^2=6pq$，④は $pq=4$．q を消去すると，

$$16p^2-\frac{16}{p^2}=24 \quad \therefore \quad 2p^4-3p^2-2=0$$

$$\therefore \quad (2p^2+1)(p^2-2)=0 \quad \therefore \quad p^2=2$$

よって，$p=\sqrt{2}$，$q=2\sqrt{2}$ で，**$a=16$ となり得る**．

⇨**注** ③，④を同時に満たす正の実数 p, q が存在することは次のように示せます．──
　③より $(a+9)p^2=(q+3p)^2$
$p>0$ より $q=(-3\pm\sqrt{a+9}\,)p$ で，$p,q>0$ より
　　$q=(-3+\sqrt{a+9}\,)p$ (∵ (波線部)>0)
これを④に代入すると $(-3+\sqrt{a+9}\,)p^2=\sqrt{a}$ となり，正の実数 p, q が求まる．

座標・解説編

≪モニターの解答≫ tan の加法定理を用いたのは7人. $\tan^2 \angle POQ$ を考えたのが2人（この場合，②より
$$①^2 = \frac{(ap^2-q^2)^2}{(p^2q^2+a)^2} = \frac{(6pq)^2}{(p^2q^2+a)^2}$$ となって，(ⅱ)を使わなくても上手くいきそうに見えますが，厳密にはダメです．例えば，$m = \tan \angle POQ$ の取り得る値の範囲が $-2 \leq m \leq 1$ のとき，m^2 の最大値は 1^2 ではなく $(-2)^2$ です．$\tan(-\theta) = -\tan\theta$ なので，本問ではこうはなりませんが，注意は必要です），ケアレスミス2人，正答4人（③，④を同時に満たす正の実数 p, q の存在は不問にしました．この点も考慮したのは3人（注は**神林君**））.
神林君：危うく数Ⅲの力をかりるところだった．（70分）
山本君：$\max(\tan \angle POQ) = 3/4$ は 3-4-5 の三角形だから，sin, cos での条件になおしたら，どつぼにはまっちゃった．（4～5時間）

座標・解説編

2・5 $f(x)=x^2-4x$ とし，2つの放物線 $y=-f(x)$，$y=f(x)$ をそれぞれ C_1，C_2 とおく．$0<a<4$ および $0<b<4$ を満たす定数 a，b に対し，$A(a, -f(a))$，$B(b, f(b))$ とし，C_1 と C_2 で囲まれる領域から $\triangle OAB$ の内部を除いた部分の面積を S とおく．ただし O は原点とする．

（1） $a=3$，$b=1$ のとき，S の値を求めよ．

（2） $a=2$ のとき，S の最小値とそのときの b の値を求めよ．

（3） S の最小値とそのときの a，b の値を求めよ．

　　　　　　　＊　　　　　　　　＊

[**解説**] （3） a，b の2変数関数は，まず a（または b）を固定して1変数関数と見て処理しましょう．

解　右図の網目部の面積が S である．$\triangle OAB$ の面積は

$$\frac{1}{2}|a(b^2-4b)-b(-a^2+4a)|$$
$$=\frac{1}{2}|ab(a+b-8)|$$

よって，S は

$$\frac{4^3}{6}\cdot 2-\frac{1}{2}|ab(a+b-8)|$$
$$=\frac{64}{3}-\frac{1}{2}|ab(a+b-8)| \quad (\text{☞注})$$

（1） $S=\frac{64}{3}-\frac{1}{2}|3(4-8)|=\boldsymbol{\frac{46}{3}}$

（3） まず a を1つ固定して定数と考える．

$|ab(a+b-8)|$ $(0<b<4)$

について,$\frac{8-a}{2}<4$ より右図のようになるので,$b=\frac{8-a}{2}$ のとき最大.最大値は

$$\left|a\cdot\frac{8-a}{2}\cdot\frac{a-8}{2}\right|=\frac{1}{4}|a(a-8)^2|$$

$g(a)=a(a-8)^2$
$(0<a<4)$ とおくと,
$g'(a)$
$=(a-8)^2+a\cdot 2(a-8)$
$=(a-8)(3a-8)$

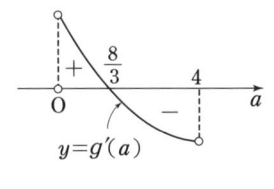

よって,$g(a)$ は $a=\frac{8}{3}$ のとき最大.従って,S は

$\boldsymbol{a=b=\frac{8}{3}}$ のとき最小.最小値は $\frac{64}{3}-\frac{1}{2}\cdot\frac{8^3}{3^3}=\boldsymbol{\frac{320}{27}}$

(2) $a=2$ のとき,(3)前半より S は $\boldsymbol{b=3}$ のとき最小.

最小値は $\frac{64}{3}-\frac{1}{2}|2\cdot 3\cdot(-3)|=\boldsymbol{\frac{37}{3}}$

座標・解説編

別解 （3） Aを固定すると△OABの面積が最大になるのは，OAを底辺としたときに高さが最大になる場合．それは，C_2のBでの接線がOAに平行になるとき．C_2に関して

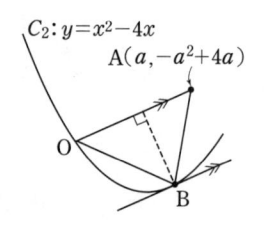

$C_2: y=x^2-4x$
$A(a, -a^2+4a)$

$y'=2x-4$ より，Bでの接線の傾きは$2b-4$であるから，

$2b-4=$（OAの傾き）$=-a+4$ （以下省略）

⇨**注** $a,b<4$ より $a+b<8$ ですから，

$$S=\frac{64}{3}+\frac{1}{2}ab(a+b-8)$$

≪**モニターの解答**≫ （1）（2） ケアレスミス1人，正答7人．（3）を先にやったのは**菊田君**．
（3） **解**5人（全員正答），**別解**2人（正答1人）．1人は，$a+b\geq 2\sqrt{ab}$ より $ab(8-a-b)\leq 8ab-2(ab)^{\frac{3}{2}}$ で，$t=\sqrt{ab}$ とおいて，右辺の $8t^2-2t^3$ の最大値を考える，というもの（惜しくも，△OABの面積の最大値を答とする）．結局，完答は4人．

龍野君：はじめ $f(x)=x^2-2x$ と勘違いして難問にしてしまいました．（32分）

座標・解説編

2・6 (1) $y=|x^2-1|$ のグラフを描け.

(2) a, b を実数とする.x についての方程式
$$|x^2-1|-ax-b=0$$
が異なる4つの実数解を持つような点 (a, b) の範囲を図示せよ.

(3) (2)の方程式の解を α, β, γ, δ とするとき,$\delta-\gamma=\gamma-\beta=\beta-\alpha$ が成り立つときの a, b を求めよ.

* *

[解説] (2) 解を $y=|x^2-1|$ と $y=ax+b$ の交点と捉えれば….(3) 条件 $\delta-\gamma=\gamma-\beta=\beta-\alpha$ の正負はどちらにしても構わないので,正にして,$\alpha<\beta<\gamma<\delta$ で議論すればOK.

解 (1) 右図の太線.

(2) 右図より,
「$y=-x^2+1$ と $l:y=ax+b$ が $-1<x<1$ に異なる2つの交点を持つ」………(*)
ことが必要.(*)のとき,$y=x^2-1$ と l は $x<-1$, $x>1$ に交点を1つずつ持つので,(*)を考えればよい.

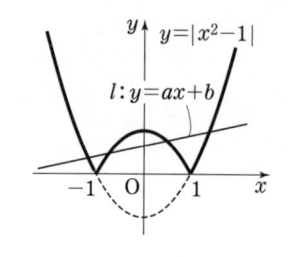

(*)は「方程式 $x^2+ax+b-1=0$ (左辺を $f(x)$ とおく) が $-1<x<1$ に異なる2実解を持つ」と言い換えられる.異なる2実解を持つための条件は

$$(判別式)=a^2-4(b-1)>0 \iff b<\frac{1}{4}a^2+1 \quad\cdots\cdots①$$

116

さらに，この2解が $-1<x<1$ にあるための条件は

$-1<(f(x)\,の軸)=-\dfrac{a}{2}<1$

かつ $f(-1)=-a+b>0$

かつ $f(1)=a+b>0$

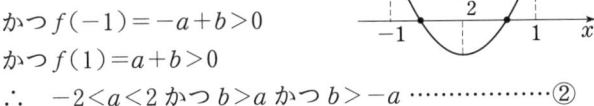

∴ $-2<a<2$ かつ $b>a$ かつ $b>-a$ ……………②

よって，①，②を満たす $(a,\ b)$ を図示すればよく，答は下図㋐の網目部（境界は含まない）．

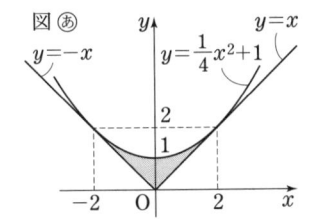

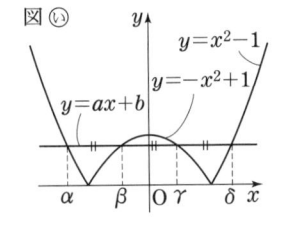

図㋐

図㋑

（3） 条件より $\alpha<\beta<\gamma<\delta$ としてよい．すると，

$x^2-1=ax+b \iff x^2-ax-b-1=0$ の解が $\alpha,\ \delta$

$-x^2+1=ax+b \iff x^2+ax+b-1=0$ の解が $\beta,\ \gamma$

$\delta-\gamma=\beta-\alpha$ より $\alpha+\delta=\beta+\gamma$ である．いま，解と係数の関係より $\alpha+\delta=a,\ \beta+\gamma=-a$ であるから，

$a=-a$ ∴ $\boldsymbol{a=0}$

∴ $\alpha,\delta=\pm\sqrt{b+1},\ \beta,\gamma=\pm\sqrt{-b+1}$

$\delta-\alpha=3(\gamma-\beta)$ であるから，

$2\sqrt{b+1}=3\cdot 2\sqrt{-b+1}$

∴ $b+1=9(-b+1)$ ∴ $\boldsymbol{b=\dfrac{4}{5}}$

座標・解説編

≪**モニターの解答**≫ （2） 論理的な間違いは4人（(*)を$0<b<1$としたのが2人，$f(x)$の軸について考えていないのが1人），図示のミスは1人（$b=\pm a$が①に接していない図を描く），正答は3人．（3） ケアレスミス1人，正答7人．aを求める部分が**解**に近いのが4人（他は，4解をa, bで表してから変形など）．

座標・解説編

2・7 座標平面上の円 C は x 軸と直線 $y=\sqrt{3}\,x$ の両方に接し，点 $(1+\sqrt{3},\ 1)$ を通るとする．

（1） 円 C の中心の座標を $(a,\ b)$ とするとき，b を a を用いて表わせ．

（2） a と b の値および円 C の半径を求めよ．

（3） （2）で求めた円 C のうちで半径の小さい方の円を C_1 とする．直線 $y=-\sqrt{3}\,x+4$ 上に中心を持つ半径2の円 C_2 が円 C_1 と異なる2つの共有点を持ち，この2つの共有点を結ぶ直線が原点を通るとする．このとき円 C_2 の中心の座標を求めよ．

*   *

[解説]（3） 当然，束で攻めます．ただし，こうして出た答が「C_1 と C_2 が異なる2つの共有点を持つ」を満たすかどうかは，別に調べる必要があります．

解（1） C の中心を A とする．$y=\sqrt{3}\,x$ と x 軸の正方向のなす角は $60°$．よって，OA と x 軸の正方向のなす角は $30°$ で，$b=\dfrac{a}{\sqrt{3}}$

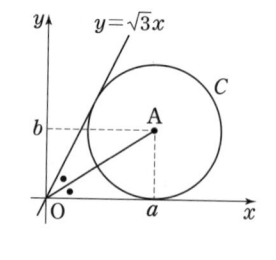

（2） $C:(x-a)^2+(y-b)^2=b^2$ と表せる．これが $(1+\sqrt{3},\ 1)$ を通ること，および $a=\sqrt{3}\,b$ より，

$$\{1+\sqrt{3}\,(1-b)\}^2+(1-b)^2=b^2$$

∴ $1+2\sqrt{3}\,(1-b)+4(1-b)^2=b^2$

$$\therefore \quad (1-b)\{1+b+2\sqrt{3}+4(1-b)\}=0$$
$$\therefore \quad (1-b)(-3b+5+2\sqrt{3})=0$$

よって, a, b, C の半径の組は $(\sqrt{3},\ 1,\ 1)$,
$$\left(\frac{5+2\sqrt{3}}{\sqrt{3}},\ \frac{5+2\sqrt{3}}{3},\ \frac{5+2\sqrt{3}}{3}\right)$$

(3) $C_1:(x-\sqrt{3})^2+(y-1)^2=1$ ……① である.
$$C_2:(x-t)^2+(y+\sqrt{3}\,t-4)^2=4 \quad \cdots\cdots ②$$

と表せる. これらが異なる 2 つの共有点を持つならば, ②−① によって与えられる直線はこの 2 つの共有点を通る. ②−① が原点を通るのは, (0, 0) を代入して,
$$\{t^2+(\sqrt{3}\,t-4)^2\}-(3+1)=4-1$$
$$\therefore \quad 4t^2-8\sqrt{3}\,t+9=0 \quad \therefore \quad 4(t-\sqrt{3})^2=3$$

より, $t=\dfrac{\sqrt{3}}{2},\ \dfrac{3\sqrt{3}}{2}$ ……③ のとき.

さて, C_1 と C_2 の中心間の距離を d とすると,
$$d^2=(t-\sqrt{3})^2+(-\sqrt{3}\,t+3)^2$$
$$=4(t-\sqrt{3})^2$$

③のとき, どちらも
$(C_1$ と C_2 の半径の差$)=1$
　$<d=2|t-\sqrt{3}|=\sqrt{3}$
　$<(C_1$ と C_2 の半径の和$)=3$

よって, C_1 と C_2 は異なる 2 つの共有点を持つ. 答は $\left(\dfrac{\sqrt{3}}{2},\ \dfrac{5}{2}\right)$, $\left(\dfrac{3\sqrt{3}}{2},\ -\dfrac{1}{2}\right)$

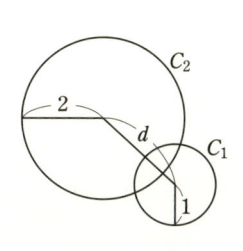

座標・解説編

≪**モニターの解答**≫ （1） 全員正答．🅟方式は5人．
（2） 計算ミス1人，ケアレスミス2人，正答5人．a を消去したのが5人，b を消去したのが3人．
（3） 全員🅟方式でしたが，「2つの共有点を持つ」ことを確認したのは**高橋君**（30分），**山本君**（45分）．
龍野君：分かった！"足"の考えを使うんですね！
延廣君：束の考え方を「たば」と読む人は意外と多いと思います．「そく」ですよ d(ヽω・●)⌒★

座標・解説編

2・8 放物線 $C: y=ax^2+x-b$，$(a \neq 0)$ と直線 $y=x$ が2つの異なる交点を持つとする．

(1) 2つの交点を結ぶ線分を直径とする円の方程式を求めよ．

(2) 放物線 C と(1)で求めた円の交点が4つあるための条件を求めよ．

(3) (2)の4つの交点 (x, y) が $x=py^2+qy+r$ を満たすとき，p, q, r を求めよ．

* *

[**解説**] (2) C と円の方程式を連立させますが，出てきた4次式は，(1)より ax^2-b を因数に持つはず．

(3) **別解**のように束で攻めてもよいのですが，ここでは C と円と(3)の方程式の3つを連立させます．

解 (1) $C: y=ax^2+x-b$ と $y=x$ を連立すると，
$$ax^2+x-b=x \quad \therefore \quad ax^2=b \quad \cdots\cdots\text{①}$$

よって，座標は $\left(\pm\sqrt{\dfrac{b}{a}}, \pm\sqrt{\dfrac{b}{a}}\right)$ （複号同順）．これらをA，Bとする．$OA^2=\dfrac{2b}{a}$ であるから，求める円 D の方程式は $D: \boldsymbol{x^2+y^2=\dfrac{2b}{a}}$

(2) C を D に代入して，a 倍すると，
$$ax^2+a(ax^2+x-b)^2=2b$$
$$\therefore \quad ax^2-b+a\{(ax^2-b)+x\}^2-b=0$$

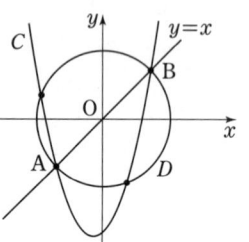

$\therefore\ a(ax^2-b)^2+2ax(ax^2-b)+2(ax^2-b)=0$

$\therefore\ (ax^2-b)(a^2x^2+2ax-ab+2)=0$ …………②

よって，$a^2x^2+2ax-ab+2=0$ ……③ が異なる2実数解を持ち，①と共通解を持たない条件を求めればよい．

(③の判別式)$/4=a^2-a^2(-ab+2)>0$

$\therefore\ a^2(ab-1)>0$ $\therefore\ \boldsymbol{ab>1}$ …………④

①と共通解を持つとすると，③－①×a より $2ax+2=0$ で，$x=-\dfrac{1}{a}$．これを①に代入すると $\dfrac{1}{a}=b$．これは④に反する．答は④

(3) ☆ 4交点の1つを (X, Y) とおくと，

$X^2+Y^2=\dfrac{2b}{a}$ ……⑤, $Y=aX^2+X-b$ ………⑥

$X=pY^2+qY+r$ ……………………………………⑦

⑦に⑤，⑥を代入して，Y を消去すると，

$X=p\left(\dfrac{2b}{a}-X^2\right)+q(aX^2+X-b)+r$

$\therefore\ (-p+aq)X^2+(q-1)X+\dfrac{2b}{a}p-bq+r=0$ …⑧

もし，⑧が恒等式でないとすると，X の方程式となり，高々2個しか実数解を持たない．ところが，4交点の x 座標（すべて異なる）は⑧を満たさなければならないので，矛盾．よって，⑧は恒等式で，

$-p+aq=0,\ q-1=0,\ \dfrac{2b}{a}p-bq+r=0$

$\therefore\ \boldsymbol{q=1,\ p=a,\ r=-b}$

座標・解説編

別解 （2）（ⅰ）$a>0$ の
とき：右図より，条件は
（A での D の接線の傾き -1）
>（A での C の接線の傾き）
（B での C の接線の傾きは
-1 より大きい）．C について
$y'=2ax+1$ より，

$$-1>-2a\sqrt{\frac{b}{a}}+1$$

∴ $2\sqrt{ab}>2$ ∴ $ab>1$

（ⅱ）$a<0$ のとき：同様に，
（B での D の接線の傾き -1）
>（B での C の接線の傾き）
が条件で，

$$-1>2a\sqrt{\frac{b}{a}}+1$$

$a=-\sqrt{(-a)^2}=-\sqrt{a^2}$ より，

$$-1>-2\sqrt{a^2\cdot\frac{b}{a}}+1$$

∴ $2\sqrt{ab}>2$ ∴ $ab>1$

（3）（4 交点を通る曲線 $E:x=py^2+qy+r$ は存在しても 1 つである ………（※）ことを認めれば）方程式

$$(ax^2+x-b-y)+k\left(x^2+y^2-\frac{2b}{a}\right)=0$$

は C と D の 4 交点を通る曲線を表す．$k=-a$ とすると，
$x-ay^2-y+b=0$ ∴ $x=ay^2+y-b$

⇨**注 1**（3）C と D の代わりに，C と E を用いて，
$$k(ax^2+x-b-y)+l(py^2+qy+r-x)=0$$
として，これが D を表すような k, l, p, q, r を求める，という方法もあります（4 交点を通る円が 1 つしかないことは明らか）．

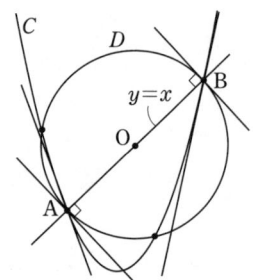

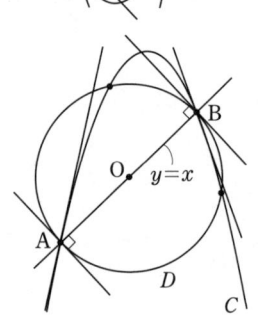

⇨**注2** （3） E の方程式に，C と $y=x$ の交点を代入すると $q=1$，$r=-\dfrac{pb}{a}$，さらに残りの2交点（③を用いる．実は片方だけでよい）を代入すると $p=a$，$r=-b$ が求まります．

⇨**注3** （3） C と E より y を消去すると，
$$x=p(ax^2+x-b)^2+q(ax^2+x-b)+r$$
この式と②（を展開したもの）の4次の係数を一致させれば，係数比較ができて，答が得られます．

≪**モニターの解答**≫ （2） **解**方式5人（ケアレスミス3人，正答2人．**解**のように ax^2-b を因数に持つことを利用して変形したのは**龍野君**，**山本君**），**別解**は3人（ケアレスミス2人，答の整理不足1人）．

（3） **別解**3人（$((ax^2+x-b)+k\left(x^2+y^2-\dfrac{2b}{a}\right)=0$
と表せる（最初の括弧内に y がない）と誤解1人，正答2人（（※）は確認しなくてもOKです．**山本君**は言及）），注2方式は2人（2点A，Bを通ることから答を見つけただけなのが1人，計算ミス1人），注3は2人（係数を一致させず係数比較して間違い1人，正答1人）．**太田君**は A，B 以外の2交点が $y=x$ に関して対称であり，E は C を $y=x$ に関して対称移動させたものと指摘．

完答は**山本君**のみ．

座標・解説編

2・9 原点を中心とする半径2の円をCとする.aを実数とし,点$(a, 4)$から円Cへ2本の接線を引き,その接点をP_1, P_2とする.P_1, P_2を通る直線がaの値にかかわらず定点を通ることを示せ.また,その定点の座標を求めよ.

*   *

[**解説**] いわゆる「極」をテーマにした問題で,今年はほぼ同じ問題が早大・商でも出題されています.P_1, P_2の座標をaで表すと汚いです.座標を経由しなくても,直線の方程式を求めるだけなら….

解 $P(a, 4)$, $P_1(p_1, q_1)$, $P_2(p_2, q_2)$
とおく.直線PP_1, PP_2は,
$C: x^2+y^2=4$の接線であるから,方程式はそれぞれ

$$p_1 x + q_1 y = 4,$$
$$p_2 x + q_2 y = 4$$

これらはPを通るので,

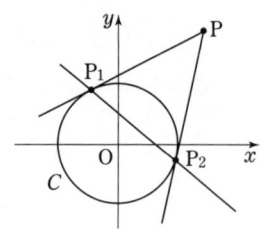

$$ap_1 + 4q_1 = 4, \quad ap_2 + 4q_2 = 4 \quad \cdots\cdots\cdots①$$

ところで,直線$ax+4y=4$は①よりP_1, P_2を通る.よって,直線$P_1 P_2$の方程式は$ax+4y=4$.従って,直線$P_1 P_2$はaの値にかかわらず点$(\mathbf{0, 1})$を通る.

別解 ☆　P_1P_2 と OP の交点を H とすると，
$$\triangle OPP_2 \backsim \triangle OP_2H$$
であるから，
$$OP : OP_2 = OP_2 : OH$$
$$\therefore \quad OP \cdot OH = OP_2{}^2 = 4$$
直線 P_1P_2 上の点 $X(x, y)$ に対して，
$$\overrightarrow{OP} \cdot \overrightarrow{OX} = OP \cdot (OX \cos \angle XOP) = OP \cdot OH = 4$$
$$\therefore \quad \begin{pmatrix} a \\ 4 \end{pmatrix} \cdot \begin{pmatrix} x \\ y \end{pmatrix} = ax + 4y = 4$$

⇨**注**　①を求めた後は，直線 P_1P_2 の方程式を直接考えてもよいでしょう．——

P と C の位置関係から，$p_1 \neq p_2$．①より
$$q_2 - q_1 = \left(1 - \frac{ap_2}{4}\right) - \left(1 - \frac{ap_1}{4}\right) = -\frac{a}{4}(p_2 - p_1)$$
よって，直線 P_1P_2 の方程式は
$$y = -\frac{a}{4}(x - p_1) + q_1 = -\frac{a}{4}x + \frac{ap_1 + 4q_1}{4}$$
$$= -\frac{a}{4}x + 1 \quad (\because \text{ ①})$$

≪**モニターの解答**≫　全員正答．C の接線を**解**のように置いたのは 6 人．**解** 4 人，**別解**は菊田君，P_1 と P_2 の座標を求めたのは 2 人．1 人は，a に具体的な値を入れて $(0, 1)$ を求めてから，「直線 $y = px + 1$ と C の 2 交点」における C の 2 接線が $y = 4$ 上で交わることを示す，という解法．注は龍野君の指摘．

高橋君：$a^2 + b^2 > r^2$ のときの $ax + by = r^2$ の意味は考えたことがありませんでした．きれいですね．

座標・解説編

2・10 円 $C:(x-2)^2+y^2=2$ と直線 $l:y=mx$ があり，C と l は異なる2点で交わっている．

(1) m の値のとりうる範囲を求めよ．
(2) m が(1)で求めた範囲の値をとるとき，2つの交点によってつくられる弦の中点の軌跡を表す式を求めよ．

*   *

[解説]（2） 頻出問題です．円の中心と弦の中点を結ぶことで，図形的に軌跡がわかります．

解 (1) C の中心 $(2,0)$ を A とする．$l:y=mx$ と $C:(x-2)^2+y^2=2$ ……①
が異なる2点で交わるための条件は，

（A と l の距離）$=\dfrac{|2m|}{\sqrt{m^2+1}}$

$<$（半径）$=\sqrt{2}$

∴ $|2m|<\sqrt{2(m^2+1)}$ ∴ $(2m)^2<2(m^2+1)$

∴ $m^2<1$ ∴ $-1<m<1$

(2) C と l の2つの交点によってつくられる弦の中点を M とすると，AM⊥l である．よって，M は O と A を直径とする円周

$D:(x-1)^2+y^2=1$ ……②

上で，C の内部にある．C と D の交点の x 座標は，①－②より $-2x+3=1$ で，$x=1$

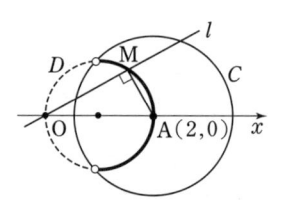

よって，求める式は $(x-1)^2+y^2=1$, $x>1$

　⇨**注**　数式的に処理すると——

　　l と C の方程式を連立して，y を消去すると，
$$(m^2+1)x^2-4x+2=0$$
この2実数解を α, β とおき，M(X, Y) とすると，
$$X=\frac{\alpha+\beta}{2}=\frac{2}{m^2+1} \quad \cdots\cdots\cdots\cdots\cdots ③$$

M は l 上にあるので，$Y=mX$. $X \neq 0$ より $m=\dfrac{Y}{X}$

（これを(1)の答および③に代入すればよい．）

≪**モニターの解答**≫　（1）　答に等号を入れたのが1人，正答は7人．
（2）　追求不足1人，計算ミス1人，②が得られたのは6人．このうち，x の範囲を考えなかったのが1人，$x \geqq 1$ としたのが2人，正答3人．**解**は**延廣君**，注方式7人（注のように m を消去したのが2人，$m=\tan\theta$ と置換したのが1人，他は X^2+Y^2 の計算など）．

神林君：等式は言わずもがな，不等式も式です．（15分）

座標・解説編

2・11 座標平面上に異なる2点 $A(x_1, y_1)$, $B(x_2, y_2)$ をとる．点 A, B からの距離の比が 3:2 となる点 P の軌跡は，中心が ($\boxed{ア}$, $\boxed{イ}$)，半径が $r = \boxed{ウ} \sqrt{(x_2-x_1)^2 + (y_2-y_1)^2}$ の円である．さらに，線分 AP を $m:n$ に内分する点 Q の軌跡が，点 B を中心とする半径 R の円となるとき，$\dfrac{m}{n} = \boxed{エ}$，$\dfrac{R}{r} = \boxed{オ}$ である．

*   *

[解説]　アポロニウスの円の問題ですが，計算で押し切るのは大変です．後半は"相似"で考えましょう．

解　**(ア)(イ)(ウ)**　AP : BP = 3 : 2 より $4AP^2 = 9BP^2$ であるから，$P(x, y)$ とおくと，

$$4\{(x-x_1)^2 + (y-y_1)^2\} = 9\{(x-x_2)^2 + (y-y_2)^2\}$$

$\therefore\ 5x^2 + 2(4x_1 - 9x_2)x + 5y^2 + 2(4y_1 - 9y_2)y$
$\qquad = 4x_1^2 - 9x_2^2 + 4y_1^2 - 9y_2^2$

$\therefore\ \left(x + \dfrac{4x_1 - 9x_2}{5}\right)^2 + \left(y + \dfrac{4y_1 - 9y_2}{5}\right)^2 = \cdots$

この右辺の x_1, x_2 に関する項は

$$\dfrac{1}{25}\{(4x_1 - 9x_2)^2 + 5(4x_1^2 - 9x_2^2)\}$$
$$= \dfrac{36}{25}(x_1^2 - 2x_1x_2 + x_2^2) = \dfrac{6^2}{5^2}(x_2 - x_1)^2$$

y_1, y_2 に関する項は，これを $x_1 \to y_1$, $x_2 \to y_2$ としたもの．よって，P の軌跡は円で，

中心 C の座標は $\left(\dfrac{-4x_1 + 9x_2}{5}, \dfrac{-4y_1 + 9y_2}{5}\right)$,

半径 r は $\dfrac{6}{5}\sqrt{(x_2-x_1)^2+(y_2-y_1)^2}$

(エ)(オ)☆ Q の軌跡は A を中心に P の軌跡の円を $\dfrac{m}{m+n}$ 倍拡大した円であるから（中心を D とする），D も C を A を中心に $\dfrac{m}{m+n}$ 倍拡大した点．………(※)

ところで，(ア)(イ)より，点 C は AB を $9:4$ に外分する点．よって，D＝B となるための条件は

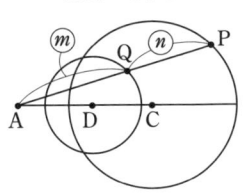

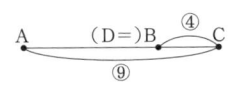

$$\dfrac{m}{m+n}=\dfrac{9-4}{9}=\dfrac{5}{9} \quad \therefore \quad \dfrac{m}{n}=\dfrac{5}{4}, \quad \dfrac{R}{r}=\dfrac{m}{m+n}=\dfrac{5}{9}$$

⇨**注1** （エ）(※)に気付かない場合——

直線 AB と P の軌跡の交点を A に近い方から順に P_1, P_2 とし，AP_1, AP_2 を $m:n$ に内分する点をそれぞれ Q_1, Q_2 とすると，

$2AB=AQ_1+AQ_2$
$AP_1:P_1B=3:2$,
$AP_2:AB=3:1$ であるから，$AB=5a$ とおくと，
$AP_1=3a$, $AP_2=15a$ であり，

$$2\cdot 5a=\dfrac{m}{m+n}(3a+15a) \quad \therefore \quad \dfrac{m}{m+n}=\dfrac{5}{9}$$

座標・解説編

⇨ **注2** (エ)(オ) $P(x, y)$, $Q(X, Y)$ とおくと、P は AQ を $(m+n):n$ に外分する点なので、
$$x=\frac{(m+n)X-nx_1}{(m+n)-n},\quad y=\frac{(m+n)Y-ny_1}{(m+n)-n}$$
です．これを P の軌跡の円の方程式に代入して、$(X-a)^2+(Y-b)^2=c^2$ の形に直せば、Q の軌跡の円の中心の座標と半径が計算で求まります（が、面倒）．

≪モニターの解答≫ (ア)〜(ウ) ケアレスミス1人、正答7人．(エ)(オ) **解**は山本君（正答）、注1は5人（ケアレスミス2人、正答3人）、注2は2人（ケアレスミス1人、正答1人）．

山本君：図を書くと答えは瞬殺なのに…（30分）

座標・解説編

2・12 xy 平面上の原点 O 以外の点 P(x, y) に対して,点 Q を次の条件を満たす平面上の点とする.

（i） Q は,O を始点とする半直線 OP 上にある.

（ii） 線分 OP の長さと線分 OQ の長さの積は 1 である.

（1） P が円 $(x-1)^2+(y-1)^2=2$ 上の原点以外の点を動くときの Q の軌跡を求め,平面上に図示せよ.

（2） P が円 $(x-1)^2+(y-1)^2=4$ 上を動くときの Q の軌跡を求め,平面上に図示せよ.

＊　　　　　　　＊

[解説] 問題の P に Q を対応させる操作を反転といいます.$Q(X, Y)$ を P(x, y) の各座標を使って表したくなりますが,欲しいのは X と Y の関係式です.それならいっそのこと Q を主役に据えましょう.

解 Q(X, Y) とおく.条件より Q≠O であるから,

$$\overrightarrow{OP} \stackrel{(i)}{=} \frac{OP}{OQ}\overrightarrow{OQ} \stackrel{(ii)}{=} \frac{1}{OQ^2}\overrightarrow{OQ} = \frac{1}{X^2+Y^2}\begin{pmatrix} X \\ Y \end{pmatrix}$$

$$\therefore \quad x=\frac{X}{X^2+Y^2}, \quad y=\frac{Y}{X^2+Y^2}$$

（1） P は $(x-1)^2+(y-1)^2=2$ を動くので,X, Y が満たすべき条件は,

$$\left(\frac{X}{X^2+Y^2}-1\right)^2+\left(\frac{Y}{X^2+Y^2}-1\right)^2=2$$

$$\therefore \quad \frac{X^2+Y^2}{(X^2+Y^2)^2}-\frac{2(X+Y)}{X^2+Y^2}=0$$

$$\therefore \quad \frac{1-2(X+Y)}{X^2+Y^2}=0$$

$$\therefore \quad 1-2(X+Y)=0$$

よって，Q の軌跡は直線
$$2x+2y-1=0$$
図示すると右図．

（2） P は
$(x-1)^2+(y-1)^2=4$ 上を動くので，X, Y が満たすべき条件は（(半径)^2 が $2\to 4$ と変わったので），

$$\frac{X^2+Y^2}{(X^2+Y^2)^2}-\frac{2(X+Y)}{X^2+Y^2}=2 \quad \therefore \quad \frac{1-2(X+Y)}{X^2+Y^2}=2$$

$$\therefore \quad 2X^2+2Y^2+2X+2Y=1$$

よって，Q の軌跡は
$$2x^2+2y^2+2x+2y=1$$

$$\therefore \quad \left(x+\frac{1}{2}\right)^2+\left(y+\frac{1}{2}\right)^2=1$$

で，中心 $\left(-\dfrac{1}{2},\ -\dfrac{1}{2}\right)$，半径

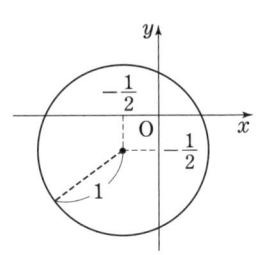

1 の円．図示すると右図．

▷**注** **解**のように X, Y の条件を求める，と考えれば，軌跡が求めた方程式全体になることは明白です．

一方，$X=\dfrac{x}{x^2+y^2}$，$Y=\dfrac{y}{x^2+y^2}$ として X, Y の等式を見つける，という方針では，"全体" になる保証がありません．

座標・解説編

≪**モニターの解答**≫ 解 5人（(1)全員正答，(2)計算ミス1人，正答4人），注のように X, Y の等式を見つけただけなのが3人（正しい等式が得られたのは1人）．
菊田君：メイドインヘヴン状態に陥りましたが，何か？

座標・解説編

2・13 O を原点とする xy 平面において，放物線 $C: y = -(x-a)^2 + k^2$ を考える．ただし，k は正の定数とし，a は

$$-k \leq a \leq k \quad \cdots\cdots\cdots\cdots (\ast)$$

の範囲にある実数とする．そのとき，C と x 軸の交点のうち x 座標が大きい方を P とし，C と y 軸の交点を Q とする．

(1) a が $(\ast)$ の範囲を動くときの，OP+OQ の最大値 M を k を用いて表すと $k \leq \boxed{\text{ア}}$ の場合は $M = \boxed{\text{イ}}$，$k > \boxed{\text{ア}}$ の場合は $M = \boxed{\text{ウ}}$ となる．

(2) a が $(\ast)$ の範囲を動くときの，OP×OQ の最大値 N，および最大値を与える a の値をそれぞれ k を用いて表すと $N = \boxed{\text{エ}}$，$a = \boxed{\text{オ}}$ である．

a が $(\ast)$ の範囲を動くとき，線分 PQ が通過してできる領域（境界を含む）を D とし，D の面積を S とおく．

(3) $S = \boxed{\text{カ}}$ である．

(4) D に含まれる三角形のうち，面積が最大である三角形の面積を S_0 とおくと $\dfrac{S_0}{S} = \boxed{\text{キ}}$ である．

ただし，点 A，B に対して，AB は線分 AB の長さを表し，とくに A=B のとき，線分 AB とは点 A のことであって AB=0 であるものとする．

*　　　　　　　*

[**解説**]（3）**線分** PQ の通過範囲なので，x 軸，y 軸（の一部）が境界になります．（4）O と x 軸，y 軸の正の部分に頂点がある三角形を考えればよいのですが，実は（2）の結果が利用できます．

解 $C: y=-(x-a)^2+k^2$, $-k\leq a\leq k$ ………(*)

(1) $P(a+k, 0)$, $Q(0, -a^2+k^2)$ より, OP+OQ は
$$-a^2+a+k^2+k=-\left(a-\frac{1}{2}\right)^2+k^2+k+\frac{1}{4}$$

(*)より, $k\leq\dfrac{1}{2}$ の場合は

$M=\boldsymbol{2k}$ $(a=k)$,

$k>\dfrac{1}{2}$ の場合は

$M=\boldsymbol{k^2+k+\dfrac{1}{4}}$ $\left(a=\dfrac{1}{2}\right)$

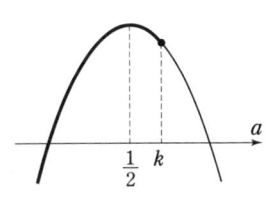

(2) OP×OQ は
$$(a+k)(-a^2+k^2)=-a^3-ka^2+k^2a+k^3$$
これを $f(a)$ とおくと,
$$f'(a)=-3a^2-2ka+k^2=(-3a+k)(a+k)$$
よって, $f(a)$ は $a=\dfrac{\boldsymbol{k}}{\boldsymbol{3}}$ のとき最大で,
$$N=\frac{4}{3}k\cdot\frac{8}{9}k^2=\frac{\boldsymbol{32}}{\boldsymbol{27}}\boldsymbol{k^3}$$

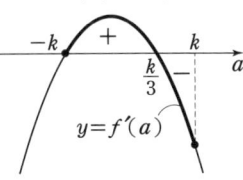

(3) $a=-k$ のとき $P=Q=O$.

$-k<a\leq k$ ……① のとき, 直線 PQ は
$$y=\frac{a^2-k^2}{a+k}x-a^2+k^2=(a-k)x-a^2+k^2 \quad\cdots\cdots②$$
x を固定して, y の取り得る値の範囲を考える. 線分 PQ が通過する領域を考えるので, $0\leq x\leq 2k$ ……③
である. ②の最右辺は

141

$-a^2+xa+k^2-kx=-\left(a-\dfrac{x}{2}\right)^2+\dfrac{1}{4}(x-2k)^2$ …④

・P は x 軸上の点であるので,$y\geqq 0$

・$a=\dfrac{x}{2}$ とすると,③より $0\leqq a\leqq k$ で,これは①を満たすので,$a=\dfrac{x}{2}$ となり得る.よって,$y\leqq \dfrac{1}{4}(x-2k)^2$

従って,y の取り得る値の範囲は

$$0\leqq y\leqq \dfrac{1}{4}(x-2k)^2$$

③の範囲で x を動かすと,右図の網目部(境界を含む).

以上より,線分 PQ の通過範囲も同じ図で,

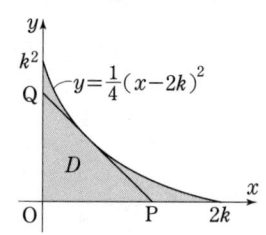

$$S=\int_0^{2k}\dfrac{1}{4}(x-2k)^2dx=-\dfrac{1}{4\cdot 3}(-2k)^3=\boldsymbol{\dfrac{2}{3}k^3}$$

(4)☆ D に含まれる三角形のうち,面積が最大のものを考えるので,頂点は O と,x 軸,y 軸の正の部分にそれぞれ 1 つずつあり(順に A,B とする),$E:y=\dfrac{1}{4}(x-2k)^2$ に線分 AB が接する場合を考えればよい(☞注).

さて,PQ と E の方程式を連立すると,④より

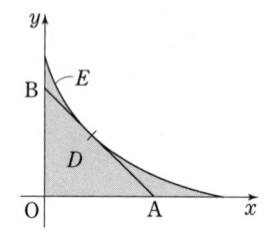

$\left(a-\dfrac{x}{2}\right)^2=0$ となり，$x=2a$（重解）であるから，直線 PQ は E の $x=2a$ での接線である．よって，△OPQ の面積 $\dfrac{1}{2}\mathrm{OP}\times\mathrm{OQ}$ について考えればよい．（2）より

$S_0=\dfrac{N}{2}=\dfrac{16}{27}k^3$ で，$\dfrac{S_0}{S}=\dfrac{8}{9}$

⇨**注**（4）例えば，右図の網目の三角形は，（E は下に凸なので）図のような三角形で囲むことができます．さらに，AB の傾きを固定すると，AB が E に接するときに面積は最大になります．

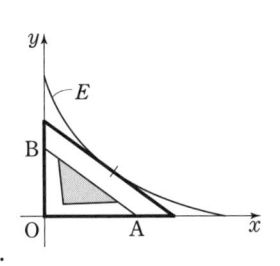

≪**モニターの解答**≫（1）ケアレスミス2人，正答6人．（2）全員正答．（3）**線分**を無視2人，勘違い1人，積分計算でミス1人，正答は4人（$a=-k$ の例外処理は不問にしました）．D の図示が正しい5人について，**解** 4人，包絡線（PQ は E の接線）を利用したのは**高橋君**．（4）D の図示が正しい5人について，最大でない場合を最大だと勘違いしたのが1人，S_0 が正しく出たのは4人（注のような論証は不問にしました．正答は3人）．**解** は**元山君**，他3人は（2）同様に計算．

神林君："誘う" は "さそう" と "いざなう" のどちらで読めばよいのでしょうか．N の存在を忘れていた私は愚か者です．（100分）

座標・解説編

2・14 座標平面上に円 $C: x^2+y^2-8x+2y+7=0$ と点 A(0, 1) がある．円 C の中心を B，半径を r とする．また点 A を通り，傾き m の直線を l とする．

（1） 点 B の座標と r を求めよ．

（2） 直線 l が円 C と共有点を持つとき，m の取り得る値の範囲を求めよ．

（3） 点 B を通り，傾き 3 の直線と直線 l との交点を P とする．点 P が円 C の円周または内部に含まれるとき，m の取り得る値の範囲を求めよ．

（4）（3）のとき，線分 AP の両端を除いた部分と円 C との共有点を Q とする．AQ の長さの最大値と最小値を求めよ．

*   *

[解説]（3） 視覚的に考えれば，取り得る値の範囲は一目瞭然．（4） 最大値・最小値，どちらも円の図形的な性質を活かすことで求まります．

解（1） $C: x^2+y^2-8x+2y+7=0$ を変形すると，
$$(x-4)^2+(y+1)^2=10 \quad \cdots\cdots\cdots ①$$
よって，**B(4, -1)**, 半径 $r=\sqrt{10}$

（2）（B と $l: y=mx+1$ の距離）$\leq r$ が条件で，
$$\frac{|4m+1+1|}{\sqrt{m^2+1}} \leq \sqrt{10} \quad \therefore \quad (4m+2)^2 \leq 10(m^2+1)$$
$$\therefore \quad 3m^2+8m-3 \leq 0 \quad \therefore \quad (m+3)(3m-1) \leq 0$$
答は $-3 \leq m \leq \dfrac{1}{3}$

（3） Bを通り傾き3の直線nの方程式は
$$y+1=3(x-4)$$
nとCの交点のx座標は，これを①に代入して，
$$(x-4)^2+3^2(x-4)^2=10 \quad \therefore \quad (x-4)^2=1$$
より$x=3,5$で，交点は$P_1(3,-4)$，$P_2(5,2)$

PがCの周および内部に含まれるための条件は
（直線AP_1の傾き）$\leq m \leq$（直線AP_2の傾き）

$$\therefore \quad -\frac{5}{3} \leq m \leq \frac{1}{5}$$

（4） AQの長さの最小値：
A, Q, Bが一直線上にある
とき（このQをQ_0とする）
最小．最小値は$AB-r$で，
$$\sqrt{4^2+2^2}-r=\mathbf{2\sqrt{5}-\sqrt{10}}$$
AQの長さの最大値：Cとlの
Q以外の交点をRとする．方
べきの定理より，
$$AQ \cdot AR = AQ_0 \cdot (AQ_0+2r)$$
$$=(2\sqrt{5}-\sqrt{10})(2\sqrt{5}+\sqrt{10})=10$$
いま，AP_1とAP_2の小さい方をLとすると，
$$AR \geq L \quad \therefore \quad AQ = \frac{10}{AR} \leq \frac{10}{L}$$
であるから，AP_1とAP_2の小さい方を考えればよい．
$$AP_1=\sqrt{3^2+5^2}=\sqrt{34}>AP_2=\sqrt{5^2+1^2}=\sqrt{26}$$
であるから，最大値は$AQ_2=\dfrac{10}{AP_2}=\mathbf{\dfrac{10}{\sqrt{26}}}$

座標・解説編

≪**モニターの解答**≫ （1）（2） 全員正答．（3） 全員正答．**解**6人，Pの座標をmで表してから，PがCの周および内部にあるという不等式を立てたのが2人．（4） 最小値：ケアレスミス1人，正答7人（**高橋君**はAQ+QB≧AB より AQ≧AB−QB＝（一定）と論証）．最大値：APの最大値を求めると勘違いしたのが1人，$AQ_1=AQ_2$だと勘違いしたのが2人，ケアレスミス1人，正答4人．方べきの定理を用いたのは**延廣君**，**山本君**，Q_1とQ_2の座標を求めたのは4人．

座標・解説編

2・15 xy 平面上に 2 つの円
$$C_1: x^2+y^2=16, \quad C_2: (x-6)^2+y^2=1$$
がある．このとき以下の問いに答えよ．

（1） C_1 と C_2 の両方に接する接線の方程式をすべて求めよ．

（2） 点 P を通る任意の直線が C_1 または C_2 の少なくとも一方と共有点を持つとする．このような点 P の存在する領域を図示せよ．

　　　　　　＊　　　　　　　　　＊

［解説］（1） C_1 の接線が C_2 に接する，と捉えれば….

（2） 直感的に図示できても，それが正しいことの説明が問題．ダメな点では，共有点を持たない直線が 1 本はあるはずです．これを見つけてあげます．

解 （1） $C_1: x^2+y^2=16$ 上の点 (a, b)
（$a^2+b^2=16$ ……①）における接線は $l: ax+by=16$ と表せる．これが C_2 と接するための条件は

　（C_2 の中心 $(6, 0)$ と l の距離）＝（C_2 の半径 1）

$\therefore \quad \dfrac{|6a-16|}{\sqrt{a^2+b^2}}=1 \quad \therefore \quad |6a-16|=4 \quad (\because \text{①})$

$\therefore \quad a=\dfrac{16\pm 4}{6}=2 \text{ または } \dfrac{10}{3}$

①を用いて，b の値，l の方程式を求めると，

　$a=2$ のとき $b=\pm 2\sqrt{3}$, $\boldsymbol{x \pm \sqrt{3}\,y = 8}$

　$a=\dfrac{10}{3}$ のとき $b=\pm\dfrac{2\sqrt{11}}{3}$, $\boldsymbol{5x \pm \sqrt{11}\,y = 24}$

(2) (1)の接線を順に l_1, l_2, m_1, m_2 とする. C_1 と C_2 の内部および周は条件を満たす. また, C_1 と C_2 の外部で, 右図の㋐〜㋒で表した領域以外は条件を満たさない. 以下, 円周の境界は含まないとする. また, m_1 と m_2 上の点は㋐と㋒に含むとする.

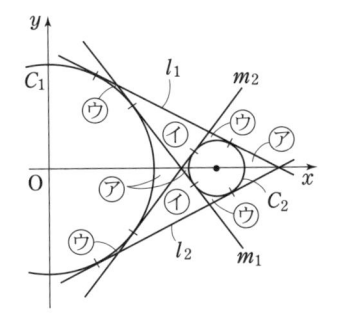

(ⅰ) Pが㋐にあるとき (図㋐):「円の中心とPを通る直線」に直交する直線は C_1, C_2 と共有点を持たない.

(ⅱ) Pが㋑にあるとき (図㋑): Pと「m_1 と m_2 の交点」を通る直線は, C_1, C_2 と共有点を持たない.

(ⅲ) Pが㋒にあるとき (ここでは図㋒の場合を考える. 他も同様): Pと打点部 (境界も含む) 上の点を通る直線は C_1 と共有点を持つ. それ以外は C_2 と共有点を持つので, 条件を満たす.

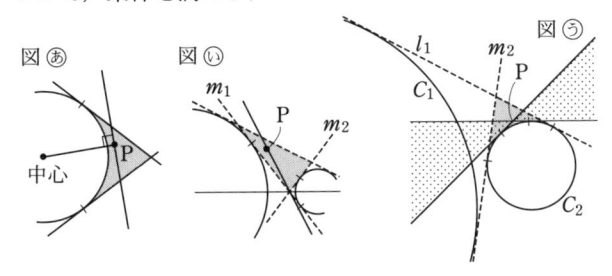

座標・解説編

よって，条件を満たす P の存在する領域は右図網目部（境界も含む）．

≪**モニターの解答**≫
（1） 全員正答．
㊧のように C_1 の接線からスタートしたのは4人，答を $ax+by+1=0$ などと置いて C_1，C_2 に接する条件を考えたのは3人，図形的に求めたのは1人．（2） 境界の条件も含めて，正しく図が描けたのは4人（㊧のように平面を分割して説明したのは3人．（i）～（iii）の各場合をきちんと議論できていたのは**菊田君，山本君**）．
菊田君：ある意味図示が一番難しかった．（40分くらい）

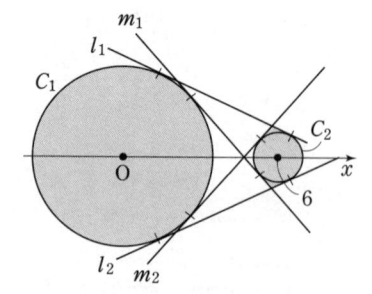

2010, 2011年の問題から

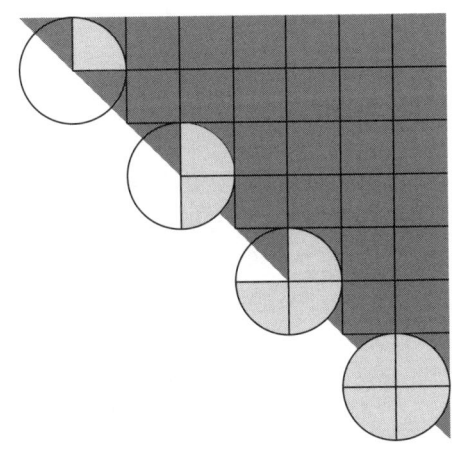

月刊『大学への数学』2010年, 2011年の3〜5月号の入試特集で取り上げた大学の入試問題から, ベクトル, 座標に関するものを精選しました

問題編 ……………………152
解説編 ……………………162

2010年,2011年の問題から

1・21 四面体 OABC において OA=BC=2, OB=3, OC=AB=4, AC=$2\sqrt{6}$ である.また,$\vec{a}=\overrightarrow{OA}$, $\vec{b}=\overrightarrow{OB}$, $\vec{c}=\overrightarrow{OC}$ とする.以下の問に答えよ.

(1) 内積 $\vec{a}\cdot\vec{b}$, $\vec{a}\cdot\vec{c}$, $\vec{b}\cdot\vec{c}$ を求めよ.

(2) △OAB を含む平面を H とする.H 上の点 P で直線 PC と H が直交するものをとる.このとき,$\overrightarrow{OP}=x\vec{a}+y\vec{b}$ となる x, y を求めよ.

(3) 平面 H を直線 OA,AB,BO で右図のように7つの領域ア,イ,ウ,エ,オ,カ,キにわける.点 P はどの領域に入るか答えよ.

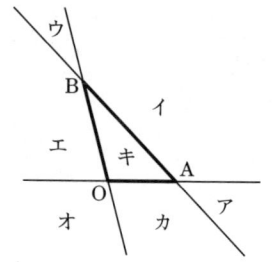

(4) 辺 AB で △ABC と △OAB のなす角は鋭角になるか,直角になるか,それとも鈍角になるかを判定せよ.ただし,1辺を共有する2つの三角形のなす角とは,共有する辺に直交する平面での2つの三角形の切り口のなす角のことである.

(11 早大・理工系)

1・22 四面体 OABC において，4 つの面はすべて合同であり，OA=3, OB=$\sqrt{7}$, AB=2 であるとする．また，3 点 O, A, B を含む平面を L とする．

（1） 点 C から平面 L におろした垂線の足を H とおく．$\overrightarrow{OH}$ を $\overrightarrow{OA}$ と $\overrightarrow{OB}$ を用いて表せ．

（2） $0<t<1$ をみたす実数 t に対して，線分 OA, OB 各々を $t:1-t$ に内分する点をそれぞれ P_t, Q_t とおく．2 点 P_t, Q_t を通り，平面 L に垂直な平面を M とするとき，平面 M による四面体 OABC の切り口の面積 $S(t)$ を求めよ．

（3） t が $0<t<1$ の範囲を動くとき，$S(t)$ の最大値を求めよ．

（10　東大，理科）

問題編

1・23 a, b, c を正の定数とする．空間内に3点 $A(a, 0, 0)$, $B(0, b, 0)$, $C(0, 0, c)$ がある．

（1） 辺 AB を底辺とするとき，△ABC の高さを a, b, c で表せ．

（2） △ABC, △OAB, △OBC, △OCA の面積をそれぞれ S, S_1, S_2, S_3 とする．ただし，O は原点である．このとき，不等式 $\sqrt{3}\,S \geq S_1 + S_2 + S_3$ が成り立つことを示せ．

（3） （2）の不等式において等号が成り立つための条件を求めよ．

（11 一橋大）

♣問題の難易と目標時間────────────
 難易については，入試問題を10段階に分けたとして，
   A(基本)…5以下　　　B(標準)…6, 7
   C(発展)…8, 9　　　　D(難問)…10
また，目標時間は＊1つにつき10分，♯は無制限．
   21…B＊＊＊　22…C＊＊＊＊　23…C＊＊＊

問題編

2・21 x を正の実数とする．座標平面上の3点 $A(0, 1)$, $B(0, 2)$, $P(x, x)$ をとり，$\triangle APB$ を考える．x の値が変化するとき，$\angle APB$ の最大値を求めよ．
（10　京大・理系）

2・22 xy 平面上の長方形 ABCD が次の条件(a), (b), (c)をみたしているとする．
　(a)　対角線 AC と BD の交点は原点 O に一致する．
　(b)　直線 AB の傾きは2である．
　(c)　A の y 座標は，B, C, D の y 座標より大きい．
このとき，$a>0$, $b>0$ として，辺 AB の長さを $2\sqrt{5}a$, BC の長さを $2\sqrt{5}b$ とおく．
（1）A, B, C, D の座標を a, b で表せ．
（2）長方形 ABCD が領域 $x^2+(y-5)^2 \leq 100$ に含まれるための a, b に対する条件を求め，ab 平面上に図示せよ．
（10　名大・文系）

2·23 定数 k は $k>1$ をみたすとする．xy 平面上の点 A$(1, 0)$ を通り x 軸に垂直な直線の第1象限に含まれる部分を，2点 X, Y が AY$=k$AX をみたしながら動いている．原点 O$(0, 0)$ を中心とする半径1の円と線分 OX, OY が交わる点をそれぞれ P, Q とするとき，$\triangle$OPQ の面積の最大値を k を用いて表せ．

(11 東工大)

2·24 実数 t に対して，中心が (t, t^2) であり，直線 $y=-1$ に接する円を C_t と表す．このとき，次の問いに答えよ．

(1) 円 C_t の方程式を求めよ．

(2) a は 0 でない定数とする．点 $\left(a, -\dfrac{1}{2}\right)$ が C_t 上にあるとき，t の値を a で表せ．

(3) 点 $(5, 8)$ が C_t 上にあるとき，t の値を求めよ．

(4) t がすべての実数値をとって変化するとき，円 C_t が通る座標平面上の領域を図示せよ．

(10 関西学院大・理系)

問題編

2・25 xy 平面上に 3 点 O$(0, 0)$, A$(1, 0)$, B$(0, 1)$ がある.
(1) $a>0$ とする. OP : AP $= 1 : a$ を満たす点 P の軌跡を求めよ.
(2) $a>0$, $b>0$ とする. OP : AP : BP $= 1 : a : b$ を満たす点 P が存在するための a, b に対する条件を求め, ab 平面上に図示せよ. （11　名大・理系）

2・26 以下の問に答えよ.
(1) t を正の実数とするとき, $|x|+|y|=t$ の表す xy 平面上の図形を図示せよ.
(2) a を $a\geqq0$ をみたす実数とする. x, y が連立不等式 $\begin{cases} ax+(2-a)y\geqq2 \\ y\geqq0 \end{cases}$ をみたすとき, $|x|+|y|$ のとりうる値の最小値 m を, a を用いた式で表せ.
(3) a が $a\geqq0$ の範囲を動くとき, (2) で求めた m の最大値を求めよ.　　　（11　神戸大・理系）

2·27 円 C は，2つの放物線 $P_1: y = \dfrac{1}{4a}x^2$ ($a > 0$) と $P_2: y = -\dfrac{1}{4b}x^2 + m$ ($b > 0$, $m > 0$) で囲まれた領域内にあり，両方の放物線と共有点をもち，さらに y 軸上に中心をもつとする．このとき，以下のことを示せ．

(1) C が P_1 および P_2 のそれぞれと1点のみを共有するならば，$m \leq 4a$ かつ $m \leq 4b$ である．

(2) C が P_1 および P_2 のそれぞれと2点のみを共有するならば，$(a+b)^2 < ma$ かつ $(a+b)^2 < mb$ である．

(10 阪大(後)・理，工，基礎工)

2·28 a を正の定数とする．原点を O とする座標平面上に定点 $A = A(a, 0)$ と，A と異なる動点 $P = P(x, y)$ をとる．次の条件

  A から P に向けた半直線上の点 Q に対し
$$\dfrac{AQ}{AP} \leq 2 \text{ ならば } \dfrac{QP}{OQ} \leq \dfrac{AP}{OA}$$

を満たす P からなる領域を D とする．D を図示せよ．

(10 東工大)

問題編

♣問題の難易と目標時間

難易については，入試問題を 10 段階に分けたとして，
  A(基本)… 5 以下 B(標準)… 6, 7
  C(発展)… 8, 9   D(難問)… 10
また，目標時間は * 1 つにつき 10 分，♯ は無制限．
21…B*** **22**…C*** **23**…B*** **24**…C***
25…C**** **26**…B*** **27**…C*** **28**…C***

2010年，2011年の問題の解説

解答の☆，★については☞p.3

1・21 四面体 OABC において OA＝BC＝2，OB＝3，OC＝AB＝4，AC＝$2\sqrt{6}$ である．また，$\vec{a}=\overrightarrow{OA}$，$\vec{b}=\overrightarrow{OB}$，$\vec{c}=\overrightarrow{OC}$ とする．以下の問に答えよ．

(1) 内積 $\vec{a}\cdot\vec{b}$，$\vec{a}\cdot\vec{c}$，$\vec{b}\cdot\vec{c}$ を求めよ．

(2) △OAB を含む平面を H とする．H 上の点 P で直線 PC と H が直交するものをとる．このとき，$\overrightarrow{OP}=x\vec{a}+y\vec{b}$ となる x，y を求めよ．

(3) 平面 H を直線 OA，AB，BO で右図のように7つの領域ア，イ，ウ，エ，オ，カ，キにわける．点 P はどの領域に入るか答えよ．

(4) 辺 AB で △ABC と △OAB のなす角は鋭角になるか，直角になるか，それとも鈍角になるか判定せよ．ただし，1辺を共有する2つの三角形のなす角とは，共有する辺に直交する平面での2つの三角形の切り口のなす角のことである．

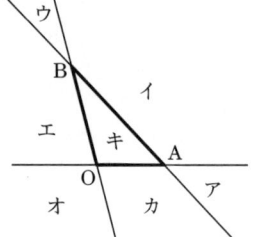

*　　　　　　　　　*

[**解説**] （3）「（2）より，$x<0$, $y>0$, $x+y>1$ だから」としても可だと思いますが，きちんと P の位置を調べることにします．（4）（3）から直ちに分かります．

解 （1） OA=BC=2, OB=3, OC=AB=4, AC=$2\sqrt{6}$ より，

$|\vec{a}|=2$, $|\vec{b}-\vec{c}|=2$, $|\vec{b}|=3$,
$|\vec{c}|=4$, $|\vec{a}-\vec{b}|=4$, $|\vec{a}-\vec{c}|=2\sqrt{6}$

であるから，

$$\vec{a}\cdot\vec{b}=\frac{|\vec{a}|^2+|\vec{b}|^2-|\vec{a}-\vec{b}|^2}{2}=\frac{4+9-16}{2}=-\frac{3}{2}$$

$$\vec{a}\cdot\vec{c}=\frac{|\vec{a}|^2+|\vec{c}|^2-|\vec{a}-\vec{c}|^2}{2}=\frac{4+16-24}{2}=-2$$

$$\vec{b}\cdot\vec{c}=\frac{|\vec{b}|^2+|\vec{c}|^2-|\vec{b}-\vec{c}|^2}{2}=\frac{9+16-4}{2}=\frac{21}{2}$$

（2） PC⊥H より，PC⊥OA, PC⊥OB

∴ $\overrightarrow{CP}\cdot\overrightarrow{OA}=0$, $\overrightarrow{CP}\cdot\overrightarrow{OB}=0$

∴ $(\overrightarrow{OP}-\overrightarrow{OC})\cdot\overrightarrow{OA}=0$, $(\overrightarrow{OP}-\overrightarrow{OC})\cdot\overrightarrow{OB}=0$

∴ $(x\vec{a}+y\vec{b}-\vec{c})\cdot\vec{a}=0$, $(x\vec{a}+y\vec{b}-\vec{c})\cdot\vec{b}=0$

∴ $x|\vec{a}|^2+y\vec{a}\cdot\vec{b}-\vec{a}\cdot\vec{c}=0$, $x\vec{a}\cdot\vec{b}+y|\vec{b}|^2-\vec{b}\cdot\vec{c}=0$

∴ $4x-\frac{3}{2}y+2=0$, $-\frac{3}{2}x+9y-\frac{21}{2}=0$

∴ $x=-\dfrac{1}{15}$, $y=\dfrac{52}{45}$

解説編

(**3**) (2)より,

$$\overrightarrow{\mathrm{OP}} = \frac{-3\vec{a}+52\vec{b}}{45} = \frac{49}{45} \cdot \frac{-3\vec{a}+52\vec{b}}{52-3}$$

であるから,ABを52:3に外分する点をQとするとき,OQを49:4に外分する点がPである.

よって,Pは領域**ウ**にある.

(**4**) 直線ABを含み△OABに垂直な平面をαとすると,(3)より,OとCはαに関して反対側にある.

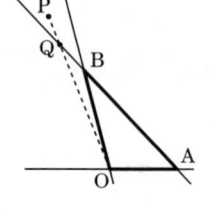

よって,辺ABで△ABCと△OABのなす角は**鈍角**である.

解説編

1・22 四面体 OABC において，4つの面はすべて合同であり，OA＝3, OB＝$\sqrt{7}$, AB＝2 であるとする．また，3点 O, A, B を含む平面を L とする．

(1) 点 C から平面 L におろした垂線の足を H とおく．$\overrightarrow{OH}$ を $\overrightarrow{OA}$ と $\overrightarrow{OB}$ を用いて表せ．

(2) $0<t<1$ をみたす実数 t に対して，線分 OA, OB 各々を $t:1-t$ に内分する点をそれぞれ P_t, Q_t とおく．2点 P_t, Q_t を通り，平面 L に垂直な平面を M とするとき，平面 M による四面体 OABC の切り口の面積 $S(t)$ を求めよ．

(3) t が $0<t<1$ の範囲を動くとき，$S(t)$ の最大値を求めよ．

　　　　　＊　　　　　　　＊

[解説] O を原点，AB を xy 平面上で x 軸に平行になるように座標設定すると機械的にできますが，ここではベクトルでやってみます．(2)は相似も用いましょう．

解 (1) BC＝3, AC＝$\sqrt{7}$, OC＝2 となる．
$\overrightarrow{OA}=\vec{a}$, $\overrightarrow{OB}=\vec{b}$, $\overrightarrow{OC}=\vec{c}$ とおくと，
$$|\vec{a}|=3, \quad |\vec{b}|=\sqrt{7}, \quad |\vec{c}|=2$$ 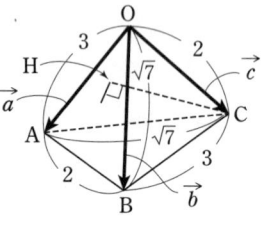
$AB^2=|\vec{a}-\vec{b}|^2=4$ より，
$9-2\vec{a}\cdot\vec{b}+7=4$ で，$\vec{a}\cdot\vec{b}=6$
$BC^2=|\vec{b}-\vec{c}|^2=9$ より，
$7-2\vec{b}\cdot\vec{c}+4=9$ で，$\vec{b}\cdot\vec{c}=1$
$CA^2=|\vec{a}-\vec{c}|^2=13-2\vec{a}\cdot\vec{c}=7$
より，$\vec{a}\cdot\vec{c}=3$

$\overrightarrow{OH}=s\vec{a}+t\vec{b}$ とおくと, $\overrightarrow{CH}\cdot\vec{a}=0$, $\overrightarrow{CH}\cdot\vec{b}=0$
より, $(s\vec{a}+t\vec{b}-\vec{c})\cdot\vec{a}=0$, $(s\vec{a}+t\vec{b}-\vec{c})\cdot\vec{b}=0$

∴ $9s+6t=3$, $6s+7t=1$ ∴ $s=\dfrac{5}{9}$, $t=-\dfrac{1}{3}$

∴ $\overrightarrow{OH}=\dfrac{5}{9}\overrightarrow{OA}-\dfrac{1}{3}\overrightarrow{OB}$ ………①

（2） 直線 P_tQ_t 上の点 X は
$\overrightarrow{OX}=\alpha\vec{a}+\beta\vec{b}$, $\alpha+\beta=t$ と
表される. ①において,
$\dfrac{5}{9}-\dfrac{1}{3}=\dfrac{2}{9}$ だから, $t=\dfrac{2}{9}$ の
とき H は直線 P_tQ_t 上にあり,
M は C と H を通る.

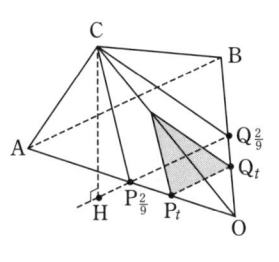

1° $0<t\leq\dfrac{2}{9}$ のとき： 切り口は $\triangle CP_{\frac{2}{9}}Q_{\frac{2}{9}}$ と相似な三

角形で, 相似比は $t:\dfrac{2}{9}$ だから $S(t)=\left(\dfrac{t}{2/9}\right)^2 S\left(\dfrac{2}{9}\right)$

（1）より, $|\overrightarrow{CH}|^2=\left|\dfrac{5}{9}\vec{a}-\dfrac{1}{3}\vec{b}-\vec{c}\right|^2$

$=\dfrac{5^2}{9^2}\cdot 9+\dfrac{1}{3^2}\cdot 7+4-2\cdot\dfrac{5}{9}\cdot\dfrac{1}{3}\cdot 6+2\cdot\dfrac{1}{3}\cdot 1-2\cdot\dfrac{5}{9}\cdot 3=\dfrac{8}{3}$

よって $CH=\dfrac{2\sqrt{2}}{\sqrt{3}}$ で, $P_{\frac{2}{9}}Q_{\frac{2}{9}}=\dfrac{2}{9}AB=\dfrac{4}{9}$ だから,

$S(t)=\left(\dfrac{t}{2/9}\right)^2\times\dfrac{1}{2}\cdot\dfrac{4}{9}\cdot\dfrac{2\sqrt{2}}{\sqrt{3}}=3\sqrt{6}\,t^2$ ……②

解説編

$2°$ $\dfrac{2}{9} \leq t < 1$ のとき： 切り口は下図の台形 $P_t Q_t R_t S_t$

$P_t Q_t = t AB = 2t$

$S_t R_t : AB = CS_t : CA$

$= P_{\frac{2}{9}} P_t : P_{\frac{2}{9}} A = \left(t - \dfrac{2}{9}\right) : \dfrac{7}{9}$

$= (9t-2) : 7$

より， $S_t R_t = \dfrac{9t-2}{7} \cdot 2$

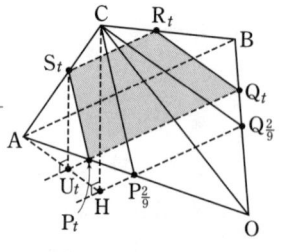

高さを h ($=S_t U_t$) とすると，上図で

$h : CH = AU_t : AH = AP_t : AP_{\frac{2}{9}} = (1-t) : \dfrac{7}{9}$ だから

$h = \dfrac{9}{7}(1-t) CH = \dfrac{9}{7}(1-t) \cdot \dfrac{2\sqrt{2}}{\sqrt{3}} = \dfrac{6\sqrt{6}}{7}(1-t)$

$\therefore\ S(t) = \dfrac{1}{2} \left(2t + \dfrac{9t-2}{7} \cdot 2\right) \cdot \dfrac{6\sqrt{6}}{7}(1-t)$

$= \dfrac{12\sqrt{6}}{49}(8t-1)(1-t)$ ……………③

(3) ②は単調増加だから③を考えればよく，下図より，

$t = \dfrac{9}{16}$ のとき最大値

$\dfrac{12\sqrt{6}}{49} \cdot \dfrac{7}{2} \cdot \dfrac{7}{16} = \dfrac{3}{8}\sqrt{6}$

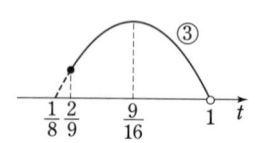

解説編

1·23 a, b, c を正の定数とする．空間内に 3 点 $A(a, 0, 0)$, $B(0, b, 0)$, $C(0, 0, c)$ がある．

(1) 辺 AB を底辺とするとき，$\triangle ABC$ の高さを a, b, c で表せ．

(2) $\triangle ABC$, $\triangle OAB$, $\triangle OBC$, $\triangle OCA$ の面積をそれぞれ S, S_1, S_2, S_3 とする．ただし，O は原点である．このとき，不等式 $\sqrt{3}\,S \geqq S_1+S_2+S_3$ が成り立つことを示せ．

(3) (2) の不等式において等号が成り立つための条件を求めよ．

*   *

[解説] (2) 素直に "2 乗の差" を考えてもよいのですが（☞注2），$2(S_1+S_2+S_3)=ab+bc+ca$ をベクトル $(1, 1, 1)$ と (ab, bc, ca) の内積と見てあげると…．

解 (1) C から AB に下ろした垂線の足を H とし，$AB=p$, $BC=q$, $CA=r$, $AH=s$ とおくと，
$$CH^2 = r^2 - s^2$$
$$= q^2 - (p-s)^2$$

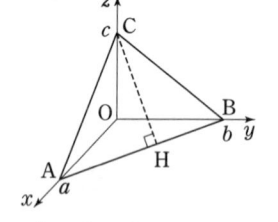

$\therefore\ r^2 = q^2 - p^2 + 2ps$ $\therefore\ s = \dfrac{p^2-q^2+r^2}{2p}$

$p^2=a^2+b^2$, $q^2=b^2+c^2$, $r^2=c^2+a^2$ であるから，

$$CH = \sqrt{r^2 - s^2} = \sqrt{r^2 - \dfrac{(p^2-q^2+r^2)^2}{(2p)^2}}$$
$$= \sqrt{c^2+a^2 - \dfrac{a^4}{a^2+b^2}} = \sqrt{\dfrac{a^2b^2+b^2c^2+c^2a^2}{a^2+b^2}}$$

170

（2） （1）より $2S = AB \cdot CH = \sqrt{a^2b^2 + b^2c^2 + c^2a^2}$

また，$2S_1 = ab$，$2S_2 = bc$，$2S_3 = ca$ であるから，

$$2(S_1 + S_2 + S_3) = ab + bc + ca$$

$$= \begin{pmatrix} 1 \\ 1 \\ 1 \end{pmatrix} \cdot \begin{pmatrix} ab \\ bc \\ ca \end{pmatrix} \leq \left| \begin{pmatrix} 1 \\ 1 \\ 1 \end{pmatrix} \right| \left| \begin{pmatrix} ab \\ bc \\ ca \end{pmatrix} \right| \quad \cdots\cdots\cdots\cdots① $$

$$= \sqrt{3}\sqrt{a^2b^2 + b^2c^2 + c^2a^2} = 2\sqrt{3}\,S$$

$\therefore\ \sqrt{3}\,S \geq S_1 + S_2 + S_3$

（3） ①で等号が成り立つための条件は $\begin{pmatrix} 1 \\ 1 \\ 1 \end{pmatrix}$ と $\begin{pmatrix} ab \\ bc \\ ca \end{pmatrix}$ が同じ向きであること．よって，求める条件は，

$$ab = bc = ca \iff \boldsymbol{a} = \boldsymbol{b} = \boldsymbol{c}$$

⇨**注1** （1） どの道 S を出すのですから，「三角形の面積をベクトルで表す公式」を使って直接 S を求めてから，CH を出してもよいでしょう．——

$$2S = \sqrt{|\overrightarrow{CA}|^2 |\overrightarrow{CB}|^2 - (\overrightarrow{CA} \cdot \overrightarrow{CB})^2}$$

に $\overrightarrow{CA} = \begin{pmatrix} a \\ 0 \\ -c \end{pmatrix}$，$\overrightarrow{CB} = \begin{pmatrix} 0 \\ b \\ -c \end{pmatrix}$ を代入すると，

$$2S = \sqrt{(a^2+c^2)(b^2+c^2) - (c^2)^2}$$

よって，$CH = \dfrac{2S}{AB} = \sqrt{\dfrac{a^2b^2 + b^2c^2 + c^2a^2}{a^2+b^2}}$

⇨**注2** （2） "2乗の差" を考えると——

$(2\sqrt{3}\,S)^2 - \{2(S_1 + S_2 + S_3)\}^2$
$= 3(a^2b^2 + b^2c^2 + c^2a^2) - (ab + bc + ca)^2$
$= 2(a^2b^2 + b^2c^2 + c^2a^2 - ab^2c - bc^2a - ca^2b)$
$= (ab-bc)^2 + (bc-ca)^2 + (ca-ab)^2 \geq 0$

解説編

2・21 x を正の実数とする．座標平面上の 3 点 A(0, 1)，B(0, 2)，P(x, x) をとり，△APB を考える．x の値が変化するとき，∠APB の最大値を求めよ．

* *

[**解説**] どうせ答えは有名角なのでしょう．角度をどう式で捉えるかですが，tan なら簡単です．なお，幾何的にもできます（☞注）．

解 x 軸の正方向から $\overrightarrow{PA} = \begin{pmatrix} -x \\ 1-x \end{pmatrix}$, $\overrightarrow{PB} = \begin{pmatrix} -x \\ 2-x \end{pmatrix}$ へ反時計回りに測った角をそれぞれ α, β とする．$x>0$ より ∠APB = $\alpha - \beta$ であるから，

$\tan \angle APB = \tan(\alpha - \beta)$
$= \dfrac{\tan\alpha - \tan\beta}{1 + \tan\alpha \tan\beta}$

$\tan\alpha = \dfrac{x-1}{x}$, $\tan\beta = \dfrac{x-2}{x}$

より，$\tan \angle APB$ は，

$$\dfrac{\dfrac{(x-1)-(x-2)}{x}}{1+\dfrac{(x-1)(x-2)}{x^2}} = \dfrac{x}{2x^2-3x+2} = \dfrac{1}{2x-3+\dfrac{2}{x}}$$

この分母の最小値を求めればよい．$x>0$ であるから，(相加平均)≧(相乗平均) が使えて，

$$（分母）= 2\left(x+\dfrac{1}{x}\right)-3 \geq 2 \cdot 2\sqrt{x \cdot \dfrac{1}{x}} - 3 = 1$$

等号は $x = \dfrac{1}{x}$ 即ち，$x = 1$ のとき成立する．このとき，

172

$\tan\angle APB=1$ であるから，$\angle APB=\dfrac{\pi}{4}$

⇨**注** 結果は $\triangle ABP_0$ の外接円と $y=x$ が接するときです．

逆に，A，B を通り $y=x$ に接する円を考えると，この接点 P_0 と P が一致するときに $\angle APB$ が最大になることがわかります（$P \neq P_0$ のとき，$\angle APB < \angle AP_0B$ であることが右図からわかる）．

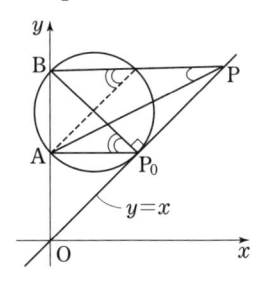

解説編

2・22 xy 平面上の長方形 ABCD が次の条件(a), (b), (c)をみたしているとする.

(a) 対角線 AC と BD の交点は原点 O に一致する.

(b) 直線 AB の傾きは 2 である.

(c) A の y 座標は, B, C, D の y 座標より大きい.

このとき, $a>0$, $b>0$ として, 辺 AB の長さを $2\sqrt{5}a$, BC の長さを $2\sqrt{5}b$ とおく.

(1) A, B, C, D の座標を a, b で表せ.

(2) 長方形 ABCD が領域 $x^2+(y-5)^2 \leq 100$ に含まれるための a, b に対する条件を求め, ab 平面上に図示せよ.

　　　　*　　　　　　　　*

[解説] (1) 傾きと長さなどの条件から $\overrightarrow{AB}$ や $\overrightarrow{BC}$ は定まります. (2) 点 $(0, 5)$ との距離を考えますが, 長方形上の点で最も遠い点は?

解 (1) $\overrightarrow{BA}$ は $\begin{pmatrix}1\\2\end{pmatrix}$ と同じ向きで長さが $2\sqrt{5}a$ なので, $\overrightarrow{BA}=2a\begin{pmatrix}1\\2\end{pmatrix}$.

また, 直線 BC の傾きは $-\dfrac{1}{2}$ である. $\overrightarrow{BC}$ は $\begin{pmatrix}2\\-1\end{pmatrix}$ と同じ向きで長さが $2\sqrt{5}b$ なので, $\overrightarrow{BC}=2b\begin{pmatrix}2\\-1\end{pmatrix}$.

O は AC の中点なので,

174

$$\overrightarrow{\mathrm{OB}}=-\overrightarrow{\mathrm{BO}}=-\frac{1}{2}(\overrightarrow{\mathrm{BA}}+\overrightarrow{\mathrm{BC}})=-\begin{pmatrix}a+2b\\2a-b\end{pmatrix}$$

から，$\mathrm{B}(-a-2b,\ -2a+b)$ である．よって，

$$\overrightarrow{\mathrm{OA}}=\overrightarrow{\mathrm{OB}}+\overrightarrow{\mathrm{BA}}=-\begin{pmatrix}a+2b\\2a-b\end{pmatrix}+2a\begin{pmatrix}1\\2\end{pmatrix}=\begin{pmatrix}a-2b\\2a+b\end{pmatrix}$$

から，$\mathrm{A}(a-2b,\ 2a+b)$．

C は A の，D は B の原点に関する対称点なので，

$\mathrm{C}(-a+2b,\ -2a-b),\ \mathrm{D}(a+2b,\ 2a-b)$．

(2)☆ 与領域は，点 $\mathrm{P}(0,\ 5)$ からの距離が 10 以下である点全体を表す．P から最も遠い長方形上の点は 4 頂点のいずれかだが，AD，BC の垂直二等分線 $y=2x$ について P は A，B 側にあるので，A よりも D が，B よりも C が P から遠い．CD の垂直二等分線 $y=-\dfrac{1}{2}x$ について P は D 側にあることとから，P から最も遠いのは点 C である．よって，求める条件は

$(-a+2b)^2+(-2a-b-5)^2\leqq 100$

∴ $5(a^2+b^2+4a+2b+5)\leqq 100$

∴ $a^2+b^2+4a+2b-15\leqq 0$

∴ $(a+2)^2+(b+1)^2\leqq 20$．

$a>0,\ b>0$ とから，右図網目部
(境界は太実線のみ含む)．

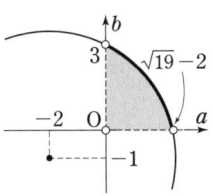

解説編

2・23 定数 k は $k>1$ をみたすとする．xy 平面上の点 $A(1, 0)$ を通り x 軸に垂直な直線の第1象限に含まれる部分を，2点 X, Y が $AY=kAX$ をみたしながら動いている．原点 $O(0, 0)$ を中心とする半径1の円と線分 OX, OY が交わる点をそれぞれ P, Q とするとき，$\triangle OPQ$ の面積の最大値を k を用いて表せ．

*　　　　　　　　　*

[解説] 点 X の y 座標を用いて $\triangle OPQ$ の面積を表すと，一見汚い式になりますが，よく見てみると……．

解 $X(1, t)$ $(t>0)$ とおくと，$Y(1, kt)$

$$\frac{\triangle OPQ}{\triangle OXY} = \frac{OP}{OX} \cdot \frac{OQ}{OY}$$

より，

$$\begin{aligned}
\triangle OPQ &= \triangle OXY \cdot \frac{OP}{OX} \cdot \frac{OQ}{OY} \\
&= \frac{1}{2}(k-1)t \cdot \frac{1}{\sqrt{1+t^2}} \cdot \frac{1}{\sqrt{1+k^2t^2}} \\
&= \frac{k-1}{2}\sqrt{\frac{t^2}{k^2t^4+(k^2+1)t^2+1}} \quad \cdots\cdots ①
\end{aligned}$$

ここで，①の $\sqrt{}$ 内の逆数を $f(t)$ とおくと，

$$\begin{aligned}
f(t) &= k^2t^2 + \frac{1}{t^2} + (k^2+1) \\
&\geq 2\sqrt{k^2t^2 \cdot \frac{1}{t^2}} + (k^2+1)
\end{aligned}$$

$$= 2k + (k^2+1) = (k+1)^2$$

等号成立は，$k^2 t^2 = \dfrac{1}{t^2}$，すなわち，$t = \dfrac{1}{\sqrt{k}}$ のときであるから，$f(t)$ の最小値は，$(k+1)^2$

よって，①の最大値は，

$$\dfrac{k-1}{2} \sqrt{\dfrac{1}{(k+1)^2}} = \dfrac{\boldsymbol{k-1}}{\boldsymbol{2(k+1)}}$$

解説編

2・24 実数 t に対して，中心が (t, t^2) であり，直線 $y=-1$ に接する円を C_t と表す．このとき，次の問いに答えよ．

（1） 円 C_t の方程式を求めよ．

（2） a は0でない定数とする．点 $\left(a, -\dfrac{1}{2}\right)$ が C_t 上にあるとき，t の値を a で表せ．

（3） 点 $(5, 8)$ が C_t 上にあるとき，t の値を求めよ．

（4） t がすべての実数値をとって変化するとき，円 C_t が通る座標平面上の領域を図示せよ．

*   *

[解説]（4）逆手流で実数解条件に帰着させますが，2次の係数に注意が必要です．C_t の定め方から $y=-1$ は境界線になるはずで，これに気付けば後半の式変形も…．

解（1）C_t は $y=-1$ に接するので，半径は t^2+1
よって，C_t の方程式は
$$(\boldsymbol{x-t})^2+(\boldsymbol{y-t^2})^2=(\boldsymbol{t^2+1})^2$$
……①

（2）①に $\left(a, -\dfrac{1}{2}\right)$ を代入して，

$$(a-t)^2+\left(\dfrac{1}{2}+t^2\right)^2=(t^2+1)^2$$

$$\therefore\ -2at+a^2-\dfrac{3}{4}=0 \quad \therefore\ \boldsymbol{t=\dfrac{a}{2}-\dfrac{3}{8a}}$$

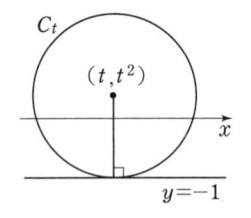

（3）①に $(5, 8)$ を代入して，
$$(5-t)^2+(8-t^2)^2=(t^2+1)^2$$

178

$\therefore\ 0=17t^2+10t-88$ $\therefore\ (17t+44)(t-2)=0$

$\therefore\ t=-\dfrac{44}{17},\ 2$

(4) 求める領域上の点を $(X,\ Y)$ とすると，①より，

$(X-t)^2+(Y-t^2)^2=(t^2+1)^2$

$\iff (2Y+1)t^2+2Xt+1-X^2-Y^2=0$ ………②

この t の方程式が少なくとも1つ実数解を持つための条件を求めればよい．

(i) $2Y+1=0\ \left(\iff Y=-\dfrac{1}{2}\right)$ のとき，②は

$$2Xt-X^2+\dfrac{3}{4}=0$$

$X=0$ のときは不適．$X\neq 0$ のときは実数解を持つ．

(ii) $2Y+1\neq 0$ のとき，②の判別式を D とすると，

$D/4=\underline{X^2-(2Y+1)(1-X^2-Y^2)}_{③}\geqq 0$ ……④

が条件である．いま，

$③=2(Y+1)X^2+(2Y+1)(Y^2-1)$

$=(Y+1)\{2X^2+(2Y+1)(Y-1)\}$

$=(Y+1)(\underline{2X^2+2Y^2-Y-1}_{⑤})$

$⑤=2\left\{X^2+\left(Y-\dfrac{1}{4}\right)^2-\dfrac{9}{16}\right\}$ ……………⑥

であるから，④は

 ($Y+1\geqq 0$ かつ $⑥\geqq 0$) または ($Y+1\leqq 0$ かつ $⑥\leqq 0$)

$\iff Y\geqq -1$ かつ $X^2+\left(Y-\dfrac{1}{4}\right)^2\geqq \left(\dfrac{3}{4}\right)^2$

（図示すると，後者を満たす $(X,\ Y)$ は存在しないことがわかる．）

解説編

以上(i), (ii)を満たす (X, Y) を図示すればよく, 右図の網目部(境界を含み, ○は除く).

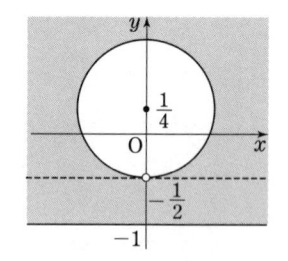

⇨**注** 境界の円
$K: 2x^2+2y^2-y-1=0$
は C_t に必ず接します.
(**証明**) (数 C)

C_t の中心は放物線
$L: y=x^2$ 上にあり, K の中心は L の焦点 F である. 右図で PG=PF ($y=-1/4$ は L の準線).
また,
　　GH=(K の半径)=FI
したがって,
　　(C_t の半径)=PI

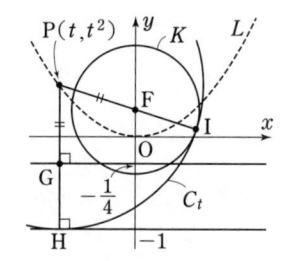

180

解説編

2・25 xy 平面上に 3 点 O(0, 0), A(1, 0), B(0, 1) がある.

(1) $a>0$ とする. OP:AP$=1:a$ を満たす点 P の軌跡を求めよ.

(2) $a>0$, $b>0$ とする. OP:AP:BP$=1:a:b$ を満たす点 P が存在するための a, b に対する条件を求め, ab 平面上に図示せよ.

*   *

[解説] (2) 「OP:AP$=1:a$ かつ OP:BP$=1:b$」と捉え, 2 つの軌跡が共有点を持つ条件を考えます.

解 (1) OP:AP$=1:a$ ……………………①

- $a=1$ **のとき**, OA の垂直二等分線で, **直線 $x=\dfrac{1}{2}$**.

- $a\ne 1$ **のとき**, aOP$=$AP より, P(x, y) とおくと,
$$a^2\text{OP}^2=\text{AP}^2$$
$$\therefore\ a^2(x^2+y^2)=(x-1)^2+y^2$$
$$\therefore\ (a^2-1)x^2+2x+(a^2-1)y^2=1$$

で, 整理して**円 $\left(x+\dfrac{1}{a^2-1}\right)^2+y^2=\left(\dfrac{a}{a^2-1}\right)^2$**.

この円を以下 C_1 とおく.

(2) OP:BP$=1:b$ ……② を満たす点 P の軌跡は, (1) の x と y を入れかえ, a を b にして

- $b=1$ のとき直線 $y=\dfrac{1}{2}$,

- $b\ne 1$ のとき円 $C_2:x^2+\left(y+\dfrac{1}{b^2-1}\right)^2=\left(\dfrac{b}{b^2-1}\right)^2$.

$$\text{OP}:\text{AP}:\text{BP}=1:a:b \iff \text{①かつ②}$$

182

より，上記の2つの軌跡が共有点を持つ条件を考える．

(i) $a=1$, $b=1$ のとき成立．

(ii) $a=1$, $b \neq 1$ のとき，C_2 の中心と $x=\dfrac{1}{2}$ の距離が C_2 の半径の長さ以下の場合に適する．

$$\dfrac{1}{2} \leq \dfrac{b}{|b^2-1|} \quad \therefore \quad |b^2-1| \leq 2b$$
$$\therefore \quad -2b \leq b^2-1 \leq 2b$$
$$\therefore \quad b^2+2b-1 \geq 0 \text{ かつ } b^2-2b-1 \leq 0$$
$$\therefore \quad -1+\sqrt{2} \leq b \leq 1+\sqrt{2} \quad (b \neq 1).$$

(iii) $a \neq 1$, $b=1$ のとき，(ii)と同様に
$$-1+\sqrt{2} \leq a \leq 1+\sqrt{2} \quad (a \neq 1).$$

(iv) $a \neq 1$, $b \neq 1$ のとき，C_1 と C_2 の中心間の距離と半径の和・差の大小から，

$$\left| \dfrac{a}{|a^2-1|} - \dfrac{b}{|b^2-1|} \right| \leq \sqrt{\dfrac{1}{(a^2-1)^2} + \dfrac{1}{(b^2-1)^2}}$$
$$\leq \dfrac{a}{|a^2-1|} + \dfrac{b}{|b^2-1|} \quad \cdots\cdots Ⓐ$$

辺々2乗し，

$$\dfrac{a^2}{(a^2-1)^2} + \dfrac{b^2}{(b^2-1)^2} - \dfrac{2ab}{|(a^2-1)(b^2-1)|}$$
$$\leq \dfrac{1}{(a^2-1)^2} + \dfrac{1}{(b^2-1)^2}$$
$$\leq \dfrac{a^2}{(a^2-1)^2} + \dfrac{b^2}{(b^2-1)^2} + \dfrac{2ab}{|(a^2-1)(b^2-1)|}$$

となるので，移項して

解説編

$$-\frac{2ab}{|(a^2-1)(b^2-1)|} \leq -\left(\frac{1}{a^2-1}+\frac{1}{b^2-1}\right)$$
$$\leq \frac{2ab}{|(a^2-1)(b^2-1)|}$$
$$\therefore \quad \left|\frac{1}{a^2-1}+\frac{1}{b^2-1}\right| \leq \frac{2ab}{|(a^2-1)(b^2-1)|}$$

を得る．両辺を $|(a^2-1)(b^2-1)|$ 倍すると，

$$|a^2+b^2-2| \leq 2ab$$

∴ $-2ab \leq a^2+b^2-2 \leq 2ab$

∴ $(a-b)^2 \leq 2 \leq (a+b)^2$

∴ $|a-b| \leq \sqrt{2}$ かつ
$a+b \geq \sqrt{2}$.

以上を図示すると，右図網目部（境界は○のみ除く）．

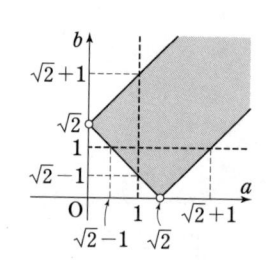

184

解説編

2・26 以下の問に答えよ.

（1） t を正の実数とするとき，$|x|+|y|=t$ の表す xy 平面上の図形を図示せよ.

（2） a を $a≧0$ をみたす実数とする．x, y が連立不等式 $\begin{cases} ax+(2-a)y≧2 \\ y≧0 \end{cases}$ をみたすとき，$|x|+|y|$ のとりうる値の最小値 m を，a を用いた式で表せ.

（3） a が $a≧0$ の範囲を動くとき，（2）で求めた m の最大値を求めよ.

*   *

[解説]（2） 直線 $ax+(2-a)y=2$ の傾きで場合分けして考えるのが素直な方法ですが…….

解（1） $C_t : |x|+|y|=t$ は x 軸および y 軸に関して対称な図形であり，その $x≧0, y≧0$ の部分は $x+y=t$ となる．

よって，$t>0$ に注意すると，C_t は右図の正方形（の周）である．

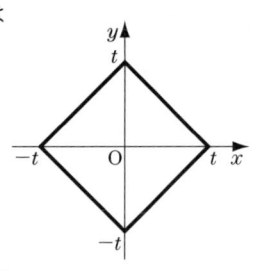

（2） 連立不等式 $\begin{cases} ax+(2-a)y≧2 \\ y≧0 \end{cases}$ の表す領域を D_a とするとき，m は，C_t が D_a と共有点をもつような t の最小値であり，$x=y=0$ が $ax+(2-a)y≧2$ を満たさないことより，D_a は原点を含まないから，$t>0$ として考えればよい．

いま，$E_a : ax+(2-a)y≧2$ は，直線 $l_a :$

$ax+(2-a)y=2$ に関して原点と反対側（l_a 上を含む）の領域であり，$a=0$ なら $l_a /\!/ x$ 軸，$a>0$ なら l_a の x 切片について $\dfrac{2}{a}>0$ であって，$l_a : a(x-y)+2(y-1)=0$ より，l_a はつねに点 $(1, 1)$ を通る（これより，E_a は l_a より右側（l_a 上を含む）の領域である）．

よって，D_a が E_a と領域 $y \geqq 0$ の共通部分であることと(1)の結果より，C_t が D_a と共有点をもつ条件は，2点 $(t, 0)$，$(0, t)$ の少なくとも一方が E_a に含まれることであり，

$at \geqq 2$ または $(2-a)t \geqq 2$

∴ $\max\{at, (2-a)t\} \geqq 2$

∴ $0 \leqq a \leqq 1$ のとき $(2-a)t \geqq 2$，

$1 \leqq a$ のとき $at \geqq 2$

したがって，求める m は，

$0 \leqq a \leqq 1$ のとき $m = \dfrac{2}{2-a}$，$1 \leqq a$ のとき $m = \dfrac{2}{a}$

（3） (2)より，m は，$0 \leqq a \leqq 1$ のとき増加し，$1 \leqq a$ のとき減少するから，$a=1$ のとき最大となり，最大値は **2** である．

解説編

2・27 円 C は，2 つの放物線 $P_1: y = \dfrac{1}{4a}x^2$ （$a > 0$）と $P_2: y = -\dfrac{1}{4b}x^2 + m$ （$b > 0$, $m > 0$）で囲まれた領域内にあり，両方の放物線と共有点をもち，さらに y 軸上に中心をもつとする．このとき，以下のことを示せ．

（1） C が P_1 および P_2 のそれぞれと 1 点のみを共有するならば，$m \leq 4a$ かつ $m \leq 4b$ である．

（2） C が P_1 および P_2 のそれぞれと 2 点のみを共有するならば，$(a+b)^2 < ma$ かつ $(a+b)^2 < mb$ である．

*　　　　　　　　*

［解説］　円と放物線の式から x^2 を消去した y の 2 次方程式を考える場合，（2）は重解条件だけではダメで，（1）は重解とは限りません．

解　（1） C は，中心 $\left(0, \dfrac{m}{2}\right)$，半径 $\dfrac{m}{2}$ だから，

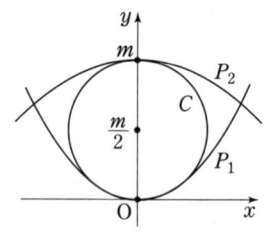

$$x^2 + \left(y - \dfrac{m}{2}\right)^2 = \dfrac{m^2}{4}$$

∴ $x^2 + y^2 - my = 0$ ……①

また，$P_1: y = \dfrac{1}{4a}x^2$ より，$x^2 = 4ay$ ……②

②を①に代入した，$y^2 - (m - 4a)y = 0$ ……③

が $0 < y \leq m$ に解を持たないから，③の 0 以外の解 $m - 4a$ （$< m$）について

$$m - 4a \leq 0 \quad \therefore \quad m \leq 4a \quad \cdots\cdots ④$$

y 方向に $-m$ 平行移動し，x 軸に関して対称移動すると，

188

$P_2': y=\dfrac{1}{4b}x^2$, $P_1': y=-\dfrac{1}{4a}x^2+m$ になる ……⑤

から，④の a を b に代えた
$m \leq 4b$ も成り立つ．

(2) C の中心を $(0, c)$，
半径を r とおくと，C は
$$x^2+(y-c)^2=r^2 \ \cdots\text{⑥}$$
C と P_1 が 2 点で接するから，
②を⑥に代入した
$$y^2-2(c-2a)y+c^2-r^2=0 \quad\cdots\cdots\text{⑦}$$
が $y>0$ に重解を持つ．よって，
$$\text{判別式}/4=(c-2a)^2-c^2+r^2=0 \quad\cdots\cdots\text{⑧}$$
このとき⑦の重解は $c-2a$ だから，$c-2a>0$ ……⑨
また，P_2 は，$x^2=4b(m-y)$ ……………………⑩
C と P_2 が 2 点で接するから，⑩を⑥に代入した
$y^2-2(c+2b)y+c^2-r^2+4bm=0$ が重解を持つ．よって，$(c+2b)^2-c^2+r^2-4bm=0 \quad\cdots\cdots\text{⑪}$
(⑪ − ⑧) ÷ 4 より，
$$c(b+a)+b^2-a^2-bm=0 \quad \therefore \ c=a-b+\dfrac{bm}{a+b}$$
⑨に代入して
$$-a-b+\dfrac{bm}{a+b}>0 \quad \therefore \ (a+b)^2<mb$$
⑤より，a と b を入れ替えた $(a+b)^2<ma$ も成り立つ．

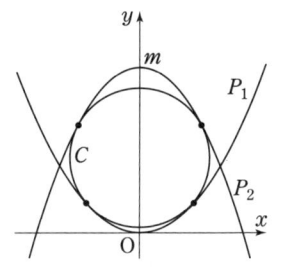

解説編

2・28 a を正の定数とする．原点を O とする座標平面上に定点 $A=A(a, 0)$ と，A と異なる動点 $P=P(x, y)$ をとる．次の条件

A から P に向けた半直線上の点 Q に対し
$\dfrac{AQ}{AP} \leq 2$ ならば $\dfrac{QP}{OQ} \leq \dfrac{AP}{OA}$

を満たす P からなる領域を D とする．D を図示せよ．

[**解説**] $\overrightarrow{AQ}=t\overrightarrow{AP}$ とおいて，$0 \leq t \leq 2$ を満たすすべての t に対して $\dfrac{QP}{OQ} \leq \dfrac{AP}{OA}$ となる条件を求めます．

解 A から P に向けた半直線上にあり $\dfrac{AQ}{AP} \leq 2$ を満たす点 Q は，

$\overrightarrow{AQ}=t\overrightarrow{AP}$ ……①
$(0 \leq t \leq 2$ ……②$)$

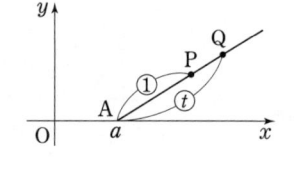

とおける．

このとき，$QP=|t-1|AP$ であるから，

$\dfrac{QP}{OQ} \leq \dfrac{AP}{OA} \iff \dfrac{|t-1|}{OQ} \leq \dfrac{1}{a}$

$\iff Q \neq O$ ……③ かつ $a|t-1| \leq OQ$ ……④

さて，$Q=O$ となり得るのは，

P が x 軸上の $x \leq \dfrac{a}{2}$ の範囲にある ……⑤

ときであるから，③より，⑤でない場合を考えればよい．
また，①のとき，

$$\overrightarrow{\mathrm{OQ}}=\overrightarrow{\mathrm{OA}}+t\overrightarrow{\mathrm{AP}}=(a+t(x-a),\ ty)$$

∴ $\mathrm{OQ}^2=\{(x-a)^2+y^2\}t^2+2a(x-a)t+a^2$

であるから,

$$④ \iff a^2(t-1)^2 \leq \mathrm{OQ}^2$$
$$\iff (x^2+y^2-2ax)t^2+2axt \geq 0 \quad \cdots\cdots ⑥$$

となるが, $t=0$ のとき⑥は成り立つから,

②を満たすすべての t に対して⑥

$$\iff \begin{cases} 0<t\leq 2 \text{ を満たすすべての } t \text{ に対して} \\ (x^2+y^2-ax)t+2ax \geq 0 \quad \cdots\cdots ⑦ \end{cases}$$

$$\iff \begin{cases} ⑦\text{の左辺を } f(t) \text{ とおくと, }(f(t)\text{ のグ} \\ \text{ラフは直線であるから}) \\ f(0) \geq 0 \text{ かつ } f(2) \geq 0 \end{cases}$$

$$\iff 2ax \geq 0 \text{ かつ } 2(x^2+y^2-ax) \geq 0$$

$$\iff x \geq 0 \text{ かつ } x^2+y^2-ax \geq 0 \quad \cdots\cdots ⑧$$

以上から, 求める領域 D は,

$\quad \mathrm{P} \neq \mathrm{A}$

$\quad$かつ "⑤でない"

$\quad$かつ⑧

であり, 図示すると右図の網目部分となる (境界は, ○印の点以外は含む).

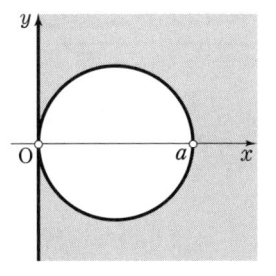

本書に関する質問や「こんな別解を見つけたがどうだろう」というものなどがあれば，"東京出版・大学への数学・編集部宛"に奮ってお寄せ下さい．

　質問は原則として封書（宛名を書いた，切手付きの返信用封筒を同封のこと）を使用し，**1通につき1件**でお送り下さい（電話番号，学年を明記して，できたら在学（出身校）・志望校も書いて下さい）．

　なお，ただ漠然と'この解説がわかりません'という質問では適切な回答ができませんので，'この部分がわかりません'とか'私はこう考えたがこれでよいのか'というように**具体的にポイントをしぼって質問**するようにして下さい（以上の約束を守られないものにはお答えできないことがありますので注意して下さい）．

ポケット日日の演習　①ベクトル・座標編

平成23年9月10日　第1刷発行

編著者	東京出版編集部
発行者	黒木美左雄
発行所	株式会社　東京出版
	〒150-0012　東京都渋谷区広尾3-12-7
	電話 03-3407-3387　振替 00160-7-5286
	http://www.tokyo-s.jp

DTP	錦美堂整版
印刷	光陽メディア
製本	技秀堂製本部

ISBN978-4-88742-174-5（定価はカバーに表示してあります）
©Tokyo shuppan 2011 Printed in Japan